基于交易特性视角肉牛养殖户的产业组织模式选择及其效应研究

梁　远　张越杰　著

中国农业出版社
北　京

图书在版编目（CIP）数据

基于交易特性视角肉牛养殖户的产业组织模式选择及其效应研究 / 梁远，张越杰著. -- 北京 ：中国农业出版社，2024. 12. -- ISBN 978-7-109-32195-3

Ⅰ. S823.9

中国国家版本馆 CIP 数据核字第 2024WP8929 号

基于交易特性视角肉牛养殖户的产业组织模式选择及其效应研究

JIYU JIAOYI TEXING SHIJIAO ROUNIU YANGZHIHU DE CHANYE ZUZHI MOSHI XUANZE JI QI XIAOYING YANJIU

中国农业出版社出版

地址：北京市朝阳区麦子店街 18 号楼

邮编：100125

责任编辑：郑　君　　文字编辑：张斗艳

版式设计：王　晨　　责任校对：张雯婷

印刷：北京中兴印刷有限公司

版次：2024 年 12 月第 1 版

印次：2024 年 12 月北京第 1 次印刷

发行：新华书店北京发行所

开本：700mm×1000mm　1/16

印张：13.25

字数：210 千字

定价：68.00 元

本书为2023年度辽宁省教育厅人文社会科学研究青年项目“数智化背景下辽宁畜牧企业组织韧性形成机制及其演化研究”（项目批准号：JYTQN2023408）、2024年度教育部人文社会科学研究青年基金项目“智慧供应链助推畜牧产品有效供给的靶向机制及效果研究”（项目批准号：24YJC790105）、2024年度中国博士后科学基金第75批面上项目“智慧供应链驱动畜牧业高质量发展的靶向机制及效果研究”（项目批准号：2024M752158）的研究成果之一。

FOREWORD 前 言

畜牧业作为中国农业和农村经济的重要组成部分，不仅是食品消费结构转型升级的战略性产业，也是保障农牧民持续增收、实现乡村振兴的基础性产业。新发展阶段，实现肉牛产业高质量发展是满足人民对优质、安全牛肉日益增长的需求，聚焦高效养殖与绿色转型发展，提升生产技术效率，促进农民收入增长的有效途径，有助于同步实现农业现代化和共同富裕。其中，肉牛产业组织模式作为农业产业化发展的重要制度载体，在组织结构、运行机制和参与主体合作关系等方面不断演化，以适应肉牛产业的发展情况。厘清交易特性对养殖户选择肉牛产业组织模式的行为逻辑与影响机制、明确肉牛产业组织模式对养殖户经济效应的作用效果，对于推动肉牛产业组织模式的可持续发展、建立长效稳定的契约关系具有重要意义。

为应对肉牛养殖碳排放、粗放型生产方式、资源利用效率低等问题对肉牛产业发展的挑战，加快推进肉牛产业组织模式创新将是延伸和巩固肉牛产业链、加快推进农业现代化的重要途径。在肉牛产业发展中，我国肉牛养殖仍以散户和中小规模养殖户为主，主要依靠传统粗放的经营方式从事肉牛养殖，导致散户和中小规模养殖户依然是肉牛产业链中的弱势群体。建立稳定的利益联结机制，从而提升散户和中小规模养殖户在交易活动中的话语权，探索出以最基层养殖主体为主的组织化道路，是加快推进肉牛产业组织模式创新的关键，也是推动小农户与现代农业发展有机衔接的必然选择。鉴于此，在粮食价格波动导致的养殖成本上升和养殖户增收进入“爬坡期”的背景下，如何通过肉牛产业组织模式改善养殖户在交易活动中的弱势地位？支持肉牛产业高质量发展的微观机制与内在逻辑何在？

本研究基于交易特性视角，在系统梳理国内外相关研究成果的基础上，依据产业组织理论、交易费用理论、农户行为理论，构建“交易特性—模式选择—经济效应”的分析框架，选择全国11省份539份肉牛养殖户的微观调查数据，重点讨论肉牛产业组织模式的交易关系与治理机制，以及养殖户选择肉牛产业组织模式的影响因素及其作用机制，并分析肉牛产业组织模式对养殖户经济效应的影响，最终为肉牛产业组织模式的可持续发展提供对策建议。首先，梳理了国内和样本区域的肉牛产业发展现状，描述了样本养殖户的情况，并构建了交易特性指标体系；其次，构建“交易特性—交易关系—治理机制”理论分析框架，重点探讨了肉牛产业组织模式的4种类型，并采用多案例分析法，分析了在企业控制型肉牛产业组织模式初期的交易关系中，不同交易特性的肉牛生产加工企业与其他经营主体的交易关系与治理机制；再次，构建“交易特性—模式选择”理论分析框架，采用多元Logit模型、二元Logit模型、中介效应检验模型等计量模型实证分析交易特性对养殖户肉牛产业组织模式选择的影响因素及其作用机制；最后，通过对养殖户肉牛产业组织模式选择的经济效应分析，采用随机前沿生产函数模型、Tobit模型、倾向得分匹配法、分位数回归模型等计量模型分别实证分析肉牛产业组织模式对养殖户生产效应和收入效应的影响。按照研究逻辑和研究视角，得出相关研究结论具体如下：

（1）肉牛养殖户的交易特性差异较大，且大多选择利益联结机制较松散的肉牛产业组织模式。不同肉牛优势区域养殖户的交易特性的异质性明显，其中东北优势区肉牛养殖户的交易特性较弱，中原优势区肉牛养殖户的交易特性较强。同时，样本养殖户的规模性差异最大，且大多为弱规模性，而养殖户的专用性和风险性差异较小。样本养殖户大多选择销售合同模式，其次分别是市场交易模式、生产管理合同模式、准纵向一体化模式，这表明样本养殖户大多选择利益联结机制较松散的肉牛产业组织模式。

（2）交易特性强弱影响肉牛产业组织模式中经营主体之间的交易关系，且大多匹配复合治理机制。在肉牛产业组织模式的初期交易中，不同交易特性的肉牛生产加工企业与其他经营主体形成了不同联结程度的交易关系。并且，不同交易关系匹配的治理机制大多是由2种及以上治理机制同时构成的复合治理机制，其中关系治理机制存在于多种交易关系中。通过考察肉牛产业组织模式中交易关系的建立与发展，发现在交易关系发展的不同阶段，其匹配的治理机制也有所改变。准纵向一体化模式中交易关系匹配的治理机制有利于锁定双边的专用性资产投资，建立要素互换与共赢式利益联结机制，进而节约交易费用，转移养殖户的行业风险。

(3) 交易特性强弱对养殖户选择肉牛产业组织模式的影响存在显著差异，且组织满意度和组织信任度分别发挥着调节和中介作用。其中，当专用性提升，养殖户倾向于选择准纵向一体化模式；当规模性提升，养殖户倾向于选择生产管理合同模式或准纵向一体化模式；当风险性提升，养殖户倾向于选择准纵向一体化模式。交易特性对不同经营规模和肉牛优势产区的养殖户肉牛产业组织模式选择具有异质性影响。组织满意度正向调节交易特性对养殖户选择紧密型产业组织模式的影响。组织信任度在交易特性对养殖户选择紧密型产业组织模式的影响中发挥着部分中介作用。

(4) 不同肉牛产业组织模式对养殖户肉牛生产技术效率有不同的影响。从不同生产要素投入对肉牛生产技术效率的贡献来看，增加仔畜投入、饲料投入、劳动力投入能够有效提高肉牛产量。短期需要增加仔畜投入，长期则需要增加饲料投入和劳动力投入。选择不同肉牛产业组织模式的养殖户的肉牛生产技术效率不同，且受到肉牛优势产区的异质性影响。不同肉牛产业组织模式对养殖户生产技术效率的影响有差异：养殖户选择市场交易模式会抑制其生产技术效率提高，而选择生产管理合同模式能够显著提升生产技术效率。

(5) 不同肉牛产业组织模式对养殖户家庭总收入有不同的影响。与市场交易模式相比，销售合同模式和生产管理合同模式均能够显著提升养殖户家庭总收入水平，然而，准纵向一体化模式对于提升养殖户家庭总收入没有明显优势。肉牛产业组织模式对不同收入水平的养殖户具有异质性影响，并且不同经营规模的养殖户选择肉牛产业组织模式对其家庭总收入也有异质性影响。

基于理论与实证分析，本研究提出以下政策建议：第一，优化农产品交易关系的制度环境；第二，大力扶持“本土化”且与养殖户存在“乡土”关联的肉牛生产加工龙头企业发展紧密型产业组织模式；第三，加强养殖户自身的能力建设，使新型经营主体与小规模养殖户形成互补的专用性投资；第四，政府积极引导养殖户参与利益联结机制更紧密的产业组织模式，增强养殖户对产业组织的信任度和满意度；第五，设立专项肉牛产业扶持基金，强化主产区肉牛供给能力。

梁　远

2024 年 1 月

CONTENTS 目录

第1章　绪　论

1.1　研究背景与研究意义

1.1.1　研究背景与问题提出

畜牧业已成为乡村产业振兴稳步推进的重要支柱产业。2023年中央1号文件和党的二十大报告都强调“加快建设农业强国”“拓宽农民增收致富渠道”。基于“大国小农”“人多地少”“农业资源分布不均衡”的基本国情，中国农业需要走出一条不同于其他国家、立足中国国情、向农业高质量发展迈进的中国特色农业现代化道路（黄祖辉和傅琳琳，2023）。作为中国农业产业的重要组成部分，畜牧业承农启工，要全面树立绿色发展、生命健康理念，以新发展理念指导畜牧业高质量发展，要由过去强调现代化的技术、设施、设备等过程和手段导向，转变为“优质、高效、安全、环保”的目标和结果导向（王明利等，2022；李军和潘丽莎，2022）。新发展阶段，畜牧业高质量发展，以生态优先、绿色发展为导向，聚焦高效养殖与绿色转型，以质量标准化为指导，筑牢产品质量安全防线，不断提高经济效益并满足人民对优质畜禽产品日益增长的需求，是实现乡村振兴的重要内容，更是实现农业农村现代化的重要基础（于法稳等，2021；郭翔宇，2022）。

改革开放以来，我国人民收入水平的提高和人口规模的扩大推动了食品消费结构转型升级，尤其是促使对优质安全肉蛋奶需求不断增加。2018年后由于非洲猪瘟和局部禽流感疫情影响，牛肉作为替代品，在价格和需求量方面同步增长。由于我国肉牛产业仍然面临着牛源短缺、养殖成本持续上涨、饲草料资源紧缺、散养户退出增加等突出问题，影响了牛肉的供给保障，难以满足城乡居民的消费需求（杨春和王明利，2019；石自忠等，2017）。肉牛产业不仅是关系国计民生的重要产业，也是县域富民的优势产业，更是推进农业现代化的标志性产业。2021年农业农村部印发了《推进肉牛肉羊生产发展五年行动方案》《“十四五”全国畜牧兽医行业发展规划》，提出加快构建畜牧业高质量发展新格局，推进畜牧业在农业中率先实现现代化，加快转变肉牛生产方式，不断提升肉牛综合生产能力、供应保障能力和市场竞争力。总的来说，当前我国肉牛产业发展的重点已经转变为提升数量与质量，且更加注重质量，以满足我国居民膳食结构改善和消费升级的需求。

我国肉牛产业起步较晚，发展过程十分曲折。直到20世纪90年代初，肉牛产业才得以蓬勃发展。经过20世纪90年代中期以来的快速转型，肉牛产业已经形成了集育种、饲料生产、繁育、育肥、加工、销售、餐饮和生物制药等各环节相互联动、协调发展的成熟产业链运作模式（石自忠等，2017）。“十三五”期间，我国肉牛产业进入发展期，“十四五”期间则是肉牛产业转型升级实现高质量发展的关键时期。2022年中国牛肉产量为712.5万吨，中国是仅次于美国和巴西的世界第三大牛肉生产国，然而消费缺口高达300多万吨，近年进口量持续增长，依靠国内肉牛生产来满足需求压力巨大（高海秀和王明利，2018）。与此同时，国内牛肉市场存在供求矛盾突出、牛肉价格持续高位运行、饲料粮价格上涨等问题，使我国肉牛产业面临巨大的发展压力（梁远和张越杰，2023）。

近年来，随着我国经济发展进入新常态，生态文明建设被摆在突出位置上，肉牛产业“保供给、保安全、保生态”的压力增大。推进肉牛产业高质量和可持续发展，是贯彻新发展理念的必然要求，需要明确肉牛产业在助力乡村振兴和推动农业农村现代化过程中的优势所在（曹兵海等，2023）。随着农业现代化的发展，为了降低交易成本、实现合作稳定性、适应肉牛产业发展情况，肉牛产业组织模式在组织结构、合作机制与产权安排、交易对象与交易环境等方面要不断演化（梁远和张越杰，2023）。目前，“小群体、大规模”仍是我国肉牛产业的主要生产模式，是我国牛肉供应链稳定和安全的基础。基于此，肉牛产业现代化应走以散户和中小规模养殖户为主体的组织化道路，而非过度依赖通过新型农业经营主体带动的单一路径。推动“公司＋农户”由市场交易关系转型为纵向一体化分工合作关系，是加快推进肉牛产业组织模式创新的关键，与养殖户建立稳定且紧密的利益联结机制，也是推动小农户与现代农业发展有机衔接的必然选择。上述分析，本质上是从交易特性视角探讨养殖户肉牛产业组织模式选择的自发逻辑，这对于进一步理解肉牛产业高质量发展的微观机制具有一定的启示作用。

就整体而言，当前我国肉牛产业组织化水平还比较低，存在着诸如经营规模偏小、联结机制不紧密、治理机制不规范、市场竞争力不足、组织带动力不强等问题。处于最基层的养殖主体，尤其是散户和中小规模养殖户依然是肉牛产业链中的弱势群体。基于交易特性视角厘清养殖户选择肉牛产业组织模式的行为逻辑与影响机制、明确肉牛产业组织模式对养殖户经济效应的作用效果，对于推动肉牛产业组织模式的可持续发展、建立长效稳定的契约关系具有重要意义。对于现实和理论问题，本研究提出了3个研究问题：第一，在企业控制型肉牛产业组织模式初期的交易关系中，不同交易特性的肉牛生产加工企业与其他经营主体的各类型交易关系如何匹配其治理机制？第二，不同交易特性的养殖户选择肉牛产业组织模式的影响因素与机制有哪些？第三，养殖户选择不同肉牛产业组织模式对其经济效应的影响如何？为回答上述问题，本研究选取肉牛养殖户为研究对象，探讨交易特性与养殖户肉牛产业组织模式选择的互动特征，并探讨肉牛产业现代化的可能道路，即按照“交易特性—模式选择—经济效应”的分析线索展开。因此，本研究将主要探讨肉牛产业组织模式如何改善养殖户在交易活动中的弱势地位，并最终促成肉牛产业高质量发展的微观实现机制，进而表明最基层的养殖主体在稳定牛肉供给和提高社会稳定性方面的可动员潜力和组织优势。

1.1.2　研究意义

我国牛肉消费需求逐年增加，而牛肉产量增长缓慢，供需缺口进一步增大。一直以来，我国存在肉牛养殖成本偏高、价格逐年上涨以及牛肉质量安全等问题，其原因是多方面的，比如肉牛养殖的饲料、人工等成本上涨，牛肉刚性需求不断增加与供给严重不足的矛盾严峻，组织化水平低，等等。尽管肉牛养殖规模化水平不断提高，但我国肉牛养殖仍以散户和中小规模养殖户为主，主要依靠传统粗放的经营方式从事肉牛养殖，导致散户和中小规模养殖户仍然是肉牛产业链中的弱势群体。为此，应从提升养殖户组织化程度的角度推动我国肉牛产业现代化发展，从而推进肉牛产业高质量和可持续发展。肉牛产业组织模式是肉牛产业组织发展的重要载体，不仅有利于养殖户转变粗放型生产方式，还有利于养殖户加入分工经济，融入肉牛产业价值链，对于推动肉牛产业现代化发展具有重要作用。本研究从交易特性视角，揭示在企业控制型肉牛产业组织模式初期的交易关系中，不同交易特性的肉牛生产加工企业与其他经营主体的交易关系与治理机制；探究养殖户肉牛产业组织模式选择的影响因素及其作用机制，以及对最终产生的生产效应和收入效应的影响路径，以期为肉牛产业高质量发展以及养殖户生产技术和增收能力的提升提供理论分析和实证参考，其具体理论和现实意义如下：

①理论意义。本研究基于产业组织理论、交易费用理论、农户行为理论等理论，构建了“交易特性—模式选择—经济效应”的分析框架，围绕交易特性深入分析不同交易特性的肉牛生产加工企业与其他经营主体的交易关系以及如何有效匹配其治理机制，丰富了交易费用理论和产业组织理论在肉牛产业组织模式发展方面的理论应用。同时，对交易特性与养殖户组织模式选择的研究，丰富了交易费用理论和农户行为理论的研究内容，为分析如何推动小农户与现代农业发展有机衔接提供了新的视角和思路。

②现实意义。对肉牛产业组织模式的交易关系与治理机制的分析、养殖户选择组织模式的影响因素及其作用机制的研究，有助于识别不同类型肉牛产业组织模式的经济效应，为建立稳定且紧密利益联结机制的肉牛产业组织模式提供指向明确的对策建议，为制定肉牛产业现代化的相关农业支持政策提供现实依据，从而为提升肉牛养殖户组织化程度、转变粗放型生产方式、实现小农户与现代农业有机衔接提供实践分析。

1.2 研究目标与研究内容

1.2.1 研究目标

本研究以产业组织理论、交易费用理论、农户行为理论作为理论基础，按照“交易特性—模式选择—经济效应”的分析框架，在梳理肉牛产业现状的基础上，总结肉牛产业组织模式的分类和特征，并挖掘肉牛产业组织模式的交易关系与治理机制；探究养殖户肉牛产业组织模式选择的影响因素及其作用机制，深入考察养殖户肉牛产业组织模式选择的生产效应和收入效应，为我国肉牛产业现代化发展提供理论依据和实践证据。具体的研究目标包括：

①通过构建“交易特性—交易关系—治理机制”理论框架，探讨不同交易特性的肉牛生产加工企业与其他经营主体的交易关系，对肉牛产业组织模式进行定义和划分，并总结出不同肉牛产业组织模式的特征；同时揭示不同肉牛产业组织模式如何有效匹配其治理机制，以促进农业产业组织模式的可持续发展。

②通过构建“交易特性—模式选择”理论框架，实证分析养殖户交易特性对肉牛产业组织模式选择的影响因素，以及影响养殖户肉牛产业组织模式选择的作用机制，揭示影响养殖户肉牛产业组织模式选择的因素及内在机制。

③根据以上对养殖户肉牛产业组织模式选择的分析，重点探究肉牛产业组织模式对养殖户生产效应和收入效应的影响，基于此验证肉牛产业组织模式发展的重要意义，提出养殖户有效参与肉牛产业组织模式的政策建议，为我国肉牛产业现代化发展提供政策参考，从而推进肉牛产业高质量和可持续发展。

1.2.2 研究内容

围绕上述的研究目标，研究内容主要有以下 3 个方面：

①肉牛产业组织模式的交易关系与治理机制研究。根据交易费用理论的“交易关系—治理机制”理论分析框架，以 Williamson（威廉姆森）的制度

分析框架为基础，构建“交易特性—交易关系—治理机制”分析框架，并运用多案例分析法，探讨不同交易特性的肉牛生产加工企业与其他经营主体的交易关系，以及如何有效匹配其治理机制。

②交易特性对养殖户肉牛产业组织模式选择的影响研究。基于“交易特性—模式选择”理论框架，研究交易特性对养殖户肉牛产业组织模式选择的影响作用机制。首先，运用多元 Logit 模型分析交易特性对养殖户肉牛产业组织模式选择的影响。然后，对不同经营规模以及不同肉牛优势产区的养殖户肉牛产业组织模式选择进行异质性讨论，并进一步探讨交易特性对养殖户肉牛产业组织模式选择的影响机制，分别探究了组织满意度的调节效应和组织信任度的中介效应。

③肉牛产业组织模式对养殖户生产效应和收入效应研究。从养殖户生产技术效率角度，考察肉牛产业组织模式对养殖户生产效应的影响：通过随机前沿生产函数模型测算肉牛生产技术效率，运用 Tobit 模型实证分析肉牛产业组织模式对养殖户生产技术效率的影响。从养殖户收入角度，探讨肉牛产业组织模式对养殖户经济效应的影响：首先，运用倾向得分匹配法实证分析肉牛产业组织模式对养殖户家庭总收入的影响；其次，运用分位数回归模型，进一步考察肉牛产业组织模式对不同收入层次养殖户的收入效应；最后，探讨不同经营规模对养殖户选择肉牛产业组织模式的收入效应的异质性影响。

1.3 国内外研究综述

1.3.1 农业产业组织模式研究

农业产业化是实现农业产业组织体系优化发展的必要条件。要形成农业产业组织体系，需要实现产业化、商品化、标准化、集约化的综合治理。具体来说，农业产业组织体系意味着：①它是纵向的供应链和价值链，即市场导向；②它是横向的、网状的各类型产业组织形式，如家庭经营组织、农民合作组织、企业组织、社会化服务组织、产业协会组织、供销合作组织、农业科技服务组织等多种组织形式及其构成的复杂关系（制度、合约、组织等）；③它涉及宏观意义（全国）、中观意义（产区）及微观组织（农户、合作社、企业等）层面；④不同的农产品、不同的产区、不同的时期，其产业组织体系呈现不一样的状态。因此，农业产业组织体系本质上是各类涉农主体基于产业分工的契约链接，也是组织形态再组织、再联合的过程（黄祖辉，2018）。

农业产业组织模式通常被理解为开展农业产业化经营的具体方式。随着我国农业产业化水平、农民组织化程度的不断提高，稳定的产业组织模式成为农业产业组织发展的重要载体（徐旭初等，2019）。农业产业组织模式在调整组织结构、完善利益联结机制和稳固参与主体合作关系等方面不断演化，以适应目前农业产业的发展情况（汪爱娥和包玉泽，2014）。据此，本研究将从农业产业组织模式的内涵、类型、演化、评价与比较4个方面对已有研究成果进行总结归纳。

（1）农业产业组织模式的内涵

现代农业的产业组织主要包括农户家庭经营组织、农民合作组织、公司与企业组织，通过与农户的某种联结机制形成不同类型的产业组织模式。从本质上看，产业组织模式是企业与产业链成员合作的一种组织制度安排，受到制度环境、资源环境和市场环境等方面的影响，而形成不同类型的产业组织模式（丰志培和常向阳，2010）。从产业链视角来看，农业产业组织模式是产业链上各主体之间通过某种联结机制组合在一起的经营方式，具有特定的产业形态和功能划分，主要分为横向生产关系和纵向交易关系（黄祖辉和王祖锁，2002）。从组织主体视角，农业产业组织模式可理解为产业组织中各个经营主体之间资源要素、目标需求的“委托—代理”关系，以及满足相关利益主体目标的作用机制（程华等，2019）。从交易方式视角来看，农业产业组织模式是农户、经纪人、中介组织、合作组织和农业企业等交易主体之间的交易关系网络（聂辉华，2013）。从农户视角来看，农业产业组织模式是农户与下游交易者之间，通过一定的利益联结机制组合形成的具有特色产业形态、功能的组织和交易模式（李霖和郭红东，2017）。

（2）农业产业组织模式的类型

随着农业现代化的推进，农业产业组织模式逐渐发展出不同的类型。在现有文献中，学者们根据不同的研究目标和视角，对农业产业组织模式类型的研究主要有以下 5 个方面：

①从纵向合作角度划分，以产业主体间的“纵向一体化程度”或“纵向协调（合作）”方式来划分。Mighell 和 Jones（1963）最早提出“纵向协调”这个概念，并且认为其实际上是一种组织创新，进而根据农产品产业链主体之间的联结程度，将其分为 3 种类型：公开市场、合同制生产和纵向一体化。Benmehaia 和 Brabez（2018）根据纵向协调程度将产业组织模式分为纯市场交易、契约交易、基于关系的联盟、基于产权的联盟和纵向一体化 5 种类型。胡定寰等（2006）发现，农产品交易模式有 3 种，即市场交易模式、组织内部交易模式和完全一体化模式。

②从横向合作角度划分。我国现代农业发展的内生约束主要是影响技术应用与市场竞争的经营主体规模。为了进一步发挥规模经营优势，实现显著的规模经济，逐渐出现了“龙头企业＋家庭农场（大户）”、农业产业化联合体、“龙头企业＋农场”、“龙头企业＋合作社联合社＋家庭农场”、“企业集团＋合作社联合社＋家庭农场”等农业产业化联合体的组织模式（汤吉军等，2019）。另外，苑鹏和张瑞娟（2016）认为“公司＋合作社＋农户”这种模式能够有效避免公司与农户签订契约的“敲竹杠”现象，有助于改善农户的福利。

③从农业产业特征角度划分。Lawrence 和 Hayenga（2002）将美国生猪产业组织模式分为 3 种：完全市场交易模式、契约生产模式和完全一体化模式。李英和张越杰（2013）根据稻农的选择，将稻米产业组织模式分为 3 种：“市场＋稻农”、“公司＋稻农”和“合作社＋稻农”。李霖和郭红东（2017）将蔬菜产业组织模式分为 4 种：完全市场交易模式、部分横向合作模式、完全横向合作模式和纵向协作模式。江光辉和胡浩（2022）根据生猪养殖户的选择，将生猪产业组织模式分为市场交易模式、横向一体化模式、订单交易模式、纵向一体化模式。丁存振和肖海峰（2019）根据肉羊养殖户的选择，将肉羊产业组织模式分为“市场＋养殖户”的市场交易模式、“企业＋养殖户”的纵向协作模式（包括销售合同模式和生产合同模式）、“合作社＋养殖户”的横向合作模式、纵向一体化模式。

④从驱动主体角度划分。其中，按照带动主体分类的产业组织模式主要有 6 种：专业市场带动型、中介组织带动型、合作社带动型、公司带动型、

纵横联合带动型和优势产业带动型。黄祖辉和王祖锁（2002）认为农业产业化经营是一种市场营销合作行为，进而将产业组织模式分为3种：农户支配型、各自支配型和加工者支配型。丰志培和常向阳（2010）从企业带动视角，将产业组织模式分为3种：松散型、半紧密型和紧密型。高圆圆和陈哲（2022）认为农业产业组织模式主要有龙头企业引领型、中介组织推动型和多主体联动型3类。

⑤从契约选择角度划分。周立群和曹利群（2002）从龙头企业在农业产业化经营中的契约选择角度，将产业组织模式分为商品契约型和要素契约型。江光辉和胡浩（2022）从企业的契约选择角度，将企业与农户之间的经营模式分为商品契约模式、中间型契约模式、混合契约模式、要素契约模式。徐忠爱（2010）根据市场主体之间不同的契约规制，将“公司＋农户”组织模式细分为市场驱动型、基地带动型、合作经济组织联动型、股份合作型等4种组织模式。

（3）农业产业组织模式的演化

从制度演化视角来看，制度演化易受到技术变革、市场变化、社会分工等外部环境的影响，这就诱导经营主体之间不断调整优化现有的制度安排，从而推动农业产业组织模式的不断演化（戚振宇等，2020）。关于农业产业组织模式演化的相关研究侧重于演化路径和方向，一方面农业产业组织模式呈现纵向维度的深化，以降低交易成本、优化资源配置；另一方面农业产业组织模式呈现横向维度的拓展，以提高生产效率、实现规模经济（尚旭东和叶云，2020）。

①以“降低交易成本＋优化资源配置”为目标的纵向演化。一是以降低交易成本、提升交易效率为动力的农业产业组织模式纵向演化。在初期的“龙头企业＋农户”组织模式下，龙头企业与农户间交易成本过高是由于契约不完全，在相互监督和防备机会主义行为中，为保证契约高效履行而产生的。一方面，合作社的介入，有利于减少龙头企业的交易对象、强化监督，增强农户与龙头企业之间的信任，减少机会主义行为的发生，显著降低交易成本，进而演化为“龙头企业＋合作社＋农户”组织模式（郑军南，2017）。另一方面，由于农业生产具有较高的资产专用性，龙头企业采用统一治理（关系契约治理）的治理结构，为了进一步降低交易成本，进而演化为准一

体化的“龙头企业＋基地＋农户”模式、农业产业化联合体、完全一体化的“龙头企业＋农场”等组织模式。

二是以优化资源配置、提高分工协作收益为动力的农业产业组织模式纵向演化。在初期的“龙头企业＋农户”组织模式下，生产、加工、销售、服务等环节未能实现有效衔接，导致分工协作不足。然而，通过契约合同充分发挥龙头企业和农户的自身优势，将农资、社会化服务等生产要素实现组织内部的资源化配置，促进双方建立更深入的利益联结，进一步增加分工协作的收益，从而提高产业链的竞争力。因此，组织模式逐步演化为“龙头企业＋家庭农场（大户）”、“龙头企业＋基地＋农户”、“龙头企业＋合作社＋农户”、“龙头企业＋基地＋合作社＋农户”、农业产业化联合体等。

②以“提高生产效率＋实现规模经济”为目标的横向演化。随着我国经济的快速发展，现代农业发展的约束条件不仅在于土地经营规模较小、市场竞争加剧，也在于技术创新以及新技术和新设备的应用。同时，由于小规模农户的农业收入较低，农户兼业化日渐普遍，致使农户更依赖于外出务工等非农收入，缺乏提高农业生产效率的内生动力（郭涛和赵德起，2018）。据此，农业产业组织模式逐步形成了两种横向演化。一是以实现生产环节的规模经济为目标的农业产业组织模式横向演化。现代农业的快速发展，不仅带来了农业产量增加、农户收入增加，还推进了农业集约化、市场化、社会化、机械化和规模化进程。这些变化让有能力、有条件扩大经营规模的农户增多，使得“龙头企业＋农户”的组织模式逐渐演化为“龙头企业＋家庭农场”、农业产业化联合体、“龙头企业＋农场”等组织模式。

二是以实现生产性服务环节、产品加工环节和销售环节的规模经济为目标的农业产业组织模式横向演化。在“龙头企业＋合作社＋农户”组织模式下，最初只实现了生产环节的规模经济，仍存在很多不足。随着主体经营规模的不断扩大，单一合作社难以满足农资购置、产品加工、市场调配等一系列需求，然而合作社联合社不仅能够提供系列化、综合性的专业服务，还能有效提升产业组织的市场势力，有利于规避市场风险，降低生产成本，从而获得规模经济收益。因此，组织模式逐步演化为“龙头企业＋合作社联合社＋家庭农场”“企业集团＋合作社联合社＋家庭农场”等。

(4) 农业产业组织模式的评价与比较

学者们针对不同类型的产业组织模式进行分类之后，还从各个角度对农业产业组织模式进行了比较，研究结果也各不相同。农业公司化是中国特色农业现代化的必然选择，龙头企业是小农户与现代农业发展有机衔接的主要载体（李静和陈亚坤，2022）。然而，同其他产业组织模式相比，纵向一体化模式更有利于龙头企业的价值实现及反哺农业。刘源等（2019）认为完全纵向一体化模式和准纵向一体化模式分别具备质量优势和成本优势，通过资源整合实现龙头企业的经济价值和社会价值。郑风田等（2022）认为“家庭农场领办合作社”这种产业组织模式更有利于农场绩效提升，通过将家庭农场的生产优势和合作社的组织优势结合起来，能够实现规模户与小农户的资源共享和优势互补。苑鹏（2013）认为，在“公司＋合作社＋农户”下的4种农业产业化经营模式中，“农户自办合作社、合作社自办加工企业”组织模式通过建立独立的全产品供应链，有利于农户福利的大幅度提升。周立群和曹利群（2002）认为“公司＋农户”或“公司＋中介组织＋农户”的契约安排中，商品契约有较强的适应性，相比要素契约也更稳定。吴本健等（2017）通过对商品契约、要素契约、嵌入合作契约3种农业产业化组织模式的效率进行数理模型的验证，认为嵌入合作契约的农业产业化模式最适合当前农业供给侧结构性改革的要求。农业产业化联合体通过多主体联合开展的协调分工，不仅提高了规模经济程度，还进行了有效的分工协作，实现了组织模式更高程度的横向与纵向演化。因此，农业产业化联合体契合了供给侧结构性改革背景下构建现代农业经营体系的现实要求，是未来农业产业组织模式的重要演化趋向（钟真等，2021；王志刚和于滨铜，2019）。

1.3.2 农业产业组织模式选择的影响因素研究

关于农户选择产业组织模式的影响因素，主要包括外部环境特征、家庭特征、个体特征、生产经营特征、交易特性和交易成本等方面，其中交易成本是主要的影响因素。科斯和威廉姆森在其研究著作中指出交易成本是影响产业组织模式的重要因素，产业链中不同主体形成的不同的组织模式内核就是实现交易成本的最小化（Coase，1937；Williamson，1973）。相关学者研究发现，交易费用的降低、经营模式的调整、相关产品的比较优势和生产成本都会影响产业组织模式的纵向协作关系（Butakov，2021；Butt et al.，2021）。Ferto和Szabo（2004）从匈牙利的果蔬产业中发现，农户在供应渠道方面的决策主要受到交易成本的影响。除运输成本和市场价格外，信息成本、谈判成本、监督成本和执行成本等交易成本也会影响农户选择产业组织模式，其中信息本、谈判成本和执行成本对农户选择不同的契约方式有显著的影响（蔡晓琳等，2021；黄祖辉等，2008）（表1-1）。

表1-1　农业产业组织模式选择的影响因素

影响因素	变量	学者与年份
外部环境特征	政府补贴政策与宣传、产业化政策、资源和市场特性、交通便捷程度、区域位置等	丰志培和常向阳，2010；张康洁等，2021；王丽娟等，2013
家庭特征	劳动力投入、家庭收入来源、是否兼业等	张康洁等，2021；Dubbert，2019
个体特征	年龄、受教育程度、是否村干部、风险态度、对产业组织的认知程度等	丁存振和肖海峰，2019；郭红东等，2008
生产经营特征	经营规模、经营年限、技术服务、技术培训、信息获取渠道、销售方式等	田露和张越杰，2010；蔡荣和蔡书凯，2013
交易特性	资产专用性（地理位置专用性、物质资产专用性、人力资本专用性）、不确定性（生产不确定性、环境不确定性、行为不确定性）、交易频率	丁存振和肖海峰，2019；李霖和郭红东，2017
交易成本	信息成本、谈判成本、监督成本、执行成本、运输成本等	蔡晓琳等，2021；黄祖辉等，2008

除交易成本外，影响农业产业组织模式选择的因素还包括外部环境特征、家庭特征、个体特征、生产经营特征、交易特性等。外部环境特征主要包括政府补贴政策与宣传、产业化政策、资源和市场特性、交通便捷程度、农户所在村的地区特征和环境条件等，这些都会影响农户的选择（丰志培和常向阳，2010；张康洁等，2021；王丽娟等，2013）。农户的家庭特征（劳动力投入、家庭收入来源、是否兼业等）（张康洁等，2021；Dubbert，

2019)、个体特征（年龄、受教育程度、是否村干部、风险态度、对产业组织的认知程度等）（丁存振和肖海峰，2019；郭红东，2005）、生产经营特征（经营规模、经营年限、技术服务、技术培训、信息获取渠道、销售方式等）（田露和张越杰，2010；蔡荣和蔡书凯，2013）都是影响其选择不同产业组织模式的因素。同时，农户在选择产业组织模式的过程中，在一定程度上也会受到资产专用性、不确定性和交易频率等交易特性的影响（李霖和郭红东，2017；丁存振和肖海峰，2019）。农户的资产专用性越强，意味着农户退出交易市场成本越高，往往需要付出较高的“沉没成本”，意味着其固定资产投入被套牢锁定的可能性越大。交易频率和不确定性与交易成本呈正相关，也就是说交易频率越高，交易成本越高；在高不确定性的环境下，交易双方非常有可能产生机会主义行为，影响交易的顺利进行，从而增加交易成本。

1.3.3 农业产业组织模式选择的效应研究

农业产业组织模式的效应研究是农业产业问题研究的重要内容。农户参与产业组织模式的多维效应除了可以促进小农户与现代农业的有机衔接（王颜齐和史修艺，2019），还可以为农户产业融合提供基本准则，为我国一二三产业融合发展奠定坚实基础。现有研究已从多个视角验证农户参与产业组织模式选择的效应，并主要集中于以下几个方面：

(1) 农业产业组织模式对农户收入的影响

许多研究都发现产业组织模式对参与农户的收入有积极影响（Miyata et al.，2009），然而也有学者持有不同意见（Narayanan，2014）。如Ragasa等（2018）发现农业产业组织模式虽然能够保障农户信贷、新型技术、市场准入和生产性帮扶，但并不能在完全意义上提高农户的收入水平。

众多学者提出“公司+农户”以签订契约为主的纵向协作模式，通过降低签约农户的交易成本，提高其农业收入水平。Barrett等（2012）通过实证分析农户参与订单农业的福利变化发现，订单农业能够促进农户土地流转、保障获取原料的稳定性、提升生产效率和降低交易成本，从而实现增强农业效益、发展农村经济和提高农户收入等目标。蔡荣和蔡书凯（2013）对粮食主产区安徽省水稻种植户的调研发现，农户参与生产管理合同模式的绩效主要源自稻谷产量增加、质量改善和价格提升等方面，与理论中的交易费用降低并无关联。徐健和汪旭晖（2009）通过在北方五省的实地走访，利用层次回归分析方法对订单农业及其组织模式对农户收入的影响进行了统计分析，发现“农户＋经纪人＋企业”组织模式在促进农户增收方面有突出作用，应积极培训新型农村经纪人。

除纵向协作组织模式外，横向合作组织模式也是学术界研究的重点。横向合作模式能够降低交易成本，合作社通过互联网等媒介为社员及时提供各种商业信息，使农户增加获取信息的渠道，节约获取信息的成本，并形成集体交易，提高议价能力和收入水平（2012）。罗千峰和罗增海（2022）认为合作社再组织化能够有效突破单个合作社的发展困境，通过提高规模经济效益、降低经营风险、实现外部性内在化获取制度收益，帮助农户形成集体优势，提升农户在供应链中的地位，并改善农户在市场交易中的弱势地位，为农户收入增长提供保障。农户加入横向合作模式，即农户加入专业合作社成为社员，接受合作社提供的相关服务，可选择合作社进行统一销售，也可以选择其他渠道进行市场交易（何秀荣，2022）。相较于完全市场交易模式，横向合作模式不仅能够有效降低市场风险的发生概率，还能降低农户的交易成本，通过充分发挥合作社的经济功能和社会功能，使农户增加信息获取渠道，形成集体交易，提高议价能力和收入水平（李霖和郭红东，2017；张连刚和陈卓，2021）。

（2）农业产业组织模式对生产效率和绩效的影响

随着我国农业现代化进程的快速推进，农户可以通过不同的产业组织主体提升自身的组织化水平，并以较低的交易成本获取社会化服务和信息化资源，从而转变其传统低效的农业生产方式，提高农业生产技术效率。由此，一些学者从产业组织模式的生产效率和绩效的角度，展开农业产业组织模式选择的效应研究。订单农业可以帮助农户与农产品加工企业建立良好、稳定的合作关系，提升农户的技术效率、配置效率和经济效率，提高农户农业经营绩效（Bidzakin et al.，2020）。Dubbert（2019）采用内生转换回归模型分析了订单农业与农业经营绩效的关系，结果表明订单农业能够显著提高加纳腰果种植户的农业经营绩效，其中对小规模农户的提升作用较大。王太祥和周应恒（2012）采用超越对数随机前沿生产函数模型，验证了农户加入合作社的生产技术效率远高于市场交易模式。农业产业组织模式能够改变农户的生产和管理方式，相比市场交易模式，横向协作模式对于农户生产技术效率的提升作用更明显，其次是纵向协作模式（刘森挥等，2019）。同时农户加入产业组织模式能够显著带动其采取安全生产行为，有效推进农业绿色发展，提升农业生产绩效（牛文浩等，2022；谭永风等，2022）。因此，应积极引导农户选择合适的农业产业组织模式，找到提高农户生产效率的有效途径，实现经营集约化和规模化，达到效率和效益最大化（郭熙保和吴方，2022）。

1.3.4　交易特性与农业产业组织模式选择研究

①交易特性的测度研究。科斯在提出“交易费用”概念以后，由于搜集信息、谈判和签约等费用不仅涉及金钱，而且耗费人的时间和精力，很难用货币衡量，其概念难以量化又比较宏观，所以并未引起广泛的关注。因此，Williamson（1991）进一步发展了交易费用的概念，将交易费用拓展为资产专用性、交易频率和不确定性 3 个维度，也由此决定了“交易—协约”方式、协约关系的实际应用和采用的治理结构。其中，资产专用性与交易频率两个要素的组合决定了合约的选择。而不确定性既是交易成本产生的主要原因，也是合约安排规避的主要对象，其与资产专用性共同影响预期成本。由此说明，资产专用性是最重要的因素。

②交易特性的应用研究。关于交易特性的应用多数集中在契约选择、土地流转、生产经营行为等方面。何一鸣等（2019）认为专用性、风险性与规模性是交易费用产生的主要依据，且对农户的组织行为能力也有重要影响，而农户根据交易费用的大小来选择不同的契约安排。胡新艳等（2015）在研究农业生产环节可分工性时得出结论：资产专用性对农业环节纵向可分工性有显著促进作用，而交易风险、交易频率则有显著抑制作用。同时，资产专用性被应用在提升合作社经营绩效（高歌和崔宝玉，2022）、林业生产环节外包决策（温映雪和刘伟平，2021）、农机服务需求（李虹韦和钟涨宝，2020）、气候变化适应性生产行为（冯晓龙等，2018）等方面的研究。

③交易特性对农户农业产业组织模式选择的影响的研究。契约达成与执行的内生因素是风险、成本与收益的权衡，降低风险是参与契约的基本动力。基于此，一些学者通过实证分析发现交易特性对农户紧密型产业组织模式选择有显著影响。如丁存振和肖海峰（2019）考察了肉羊养殖户交易特性对产业组织模式选择的影响，实证结果表明，资产专用性的提高、交易频率的增加和不确定性的上升均能促进养殖户参与紧密产业组织模式。涂洪波和鄢康（2018）认为品牌资产专用性越高、价格波动越大、生产风险控制越难、目标农产品交易频率等级越高的家庭农场越倾向于选择紧密的纵向协作模式。杨丹和刘自敏（2017）、苟茜和邓小翔（2019）通过分析资产专用性与农社关系（农户与合作社之间的关系），发现资产专用性有助于形成紧密的农社关系，并有利于合约的纵向一体化。然而，苟茜和邓小翔（2019）还发现风险性和规模性对农社签订一体化程度更高的合约的影响是负向的，且股东身份作为调节变量能够使负向影响作用变小，发挥了显著效应。

1.3.5 研究述评

已有文献针对农业产业组织模式（内涵、类型、演化、评价与比较）、农业产业组织模式选择的影响因素，以及选择效应都进行了丰富的讨论，而且也开始关注交易特性对农业产业组织模式选择的影响，这为本研究奠定了良好基础，但还存在需要完善之处：

第一，已有文献对农业产业组织模式进行了丰富的研究，但基于不同的研究目标和视角，农业产业组织模式类型有不同的分类方式。通过文献梳理，关于农业产业组织模式的类型研究主要从纵向合作、横向合作、农业产业特征、驱动主体、契约选择等维度出发，缺乏将其整合起来放置于同一个理论逻辑分析框架内进行深入探讨的研究。鉴于肉牛产业生产活动的特殊性，对于肉牛产业中各经营主体之间不同联结方式形成的组织模式及其治理机制缺乏相应的理论讨论。为此，本研究拟进行典型案例分析，以验证交易特性视角下肉牛产业组织模式中各经营主体的交易关系及其治理机制，为肉牛产业组织模式的分类提供理论层面的拓展。

第二，已有文献大多探讨农户参与不同农业产业组织模式的机制和行为机制，但关于肉牛产业组织模式的相关研究则较少。通过文献梳理，影响农户选择不同农业产业组织模式的因素主要包括外部环境特征、家庭特征、个体特征、生产经营特征、交易特性和交易成本等方面。基于交易特性对农户选择农业产业组织模式行为影响因素的研究，已有文献大多从资产专用性和不确定性两个方面进行探讨。然而，针对农户交易特性的测度，现有文献也没有统一的标准。另外，肉牛产业的生产活动极易受到不确定性因素的影响，对于肉牛养殖户交易特性的考察不够全面，对于交易特性影响养殖户选择肉牛产业组织模式的行为机制的实证检验也不足，导致研究对象的完备性不足。

第三，现有文献已关注到农户参与不同农业产业组织模式作用机制的异质性和选择效应的差异性，但关于肉牛产业组织模式的相关研究则较少。通过文献梳理，发现已有文献大多讨论农户异质性对农业产业组织模式选择的影响，以及不同农业产业组织模式对农户选择效应的差异化影响。然而，关于如何更好地发挥农业产业组织模式在推动农业现代化发展和小农户与现代农业有机衔接中的作用，已有研究关于肉牛产业组织模式的相关讨论不够深入，相关政策建议针对性不强。

鉴于此，为了更好地发挥农业产业组织模式在促进农业现代化发展和助推小农户与现代农业有机衔接方面的作用，本研究将以肉牛养殖户为研究对象，探究农户选择肉牛产业组织模式的行为机制及其选择效应。此外，致力于在理论层面讨论清楚养殖户选择肉牛产业组织模式行为的作用机制及其选择效应，尝试从交易特性视角来构建相应的理论分析框架，采用计量分析法，实证检验交易特性对养殖户选择肉牛产业组织模式的影响及作用路径，并对养殖户选择肉牛产业组织模式的效应进行评价，为肉牛产业现代化发展的政策优化与实施提供理论支持和现实证据。

1.4　研究方法和分析框架

1.4.1　研究方法

本研究属于理论与实证相结合的应用型研究，所用到的研究方法主要有文献分析法、规范分析法、问卷调查法、统计分析法和计量经济模型方法。首先，通过规范分析法对国内外文献和相关理论进行梳理并构建研究框架，对交易特性在养殖户肉牛产业组织模式选择过程中的作用机制进行理论分析。其次，利用统计分析法考察肉牛产业发展现状以及样本特征。再次，运用计量经济模型方法测度交易特性与肉牛生产技术效率，探讨交易特性对养殖户肉牛产业组织模式选择的影响因素与作用机制，以及养殖户肉牛产业组织模式选择的生产效应和收入效应。最后，归纳总结各部分研究内容得出相关研究结论，进而提出政策建议。具体研究方法如下：

（1）文献分析法

运用文献分析法，梳理归纳有关农业产业组织模式研究、交易特性对农业产业组织模式选择的影响研究、农业产业组织模式选择的效应研究的国内外研究成果，基本了解农业产业组织模式的研究现状，进一步找出现有研究存在的不足。以此为突破口，确定研究目标与意义，理顺研究思路，确定研究方法。界定肉牛产业组织模式、肉牛产业主体行为、交易特性、养殖户肉牛产业组织模式选择效应等核心概念，梳理产业组织理论、交易费用理论和农户行为理论，奠定本研究的理论基础。

（2）规范分析法

在相关理论的基础上，运用规范分析法，构建交易特性的测度维度和指标体系，分析交易特性对养殖户肉牛产业组织模式选择的影响机制，以及养殖户肉牛产业组织模式选择的生产效应和收入效应影响因素。建立交易特性视角下养殖户肉牛产业组织模式选择行为理论分析框架。

（3）问卷调查法

运用问卷调查法，以肉牛养殖优势产区（东北优势区、中原优势区、西北优势区、西南优势区）的肉牛养殖户为调查对象，研究交易特性对养殖户肉牛产业组织模式选择的影响。根据研究内容设计调研问卷，就养殖户的基本信息、肉牛养殖经营情况、肉牛产业组织参与情况等进行问卷调查，收集第一手数据资料。同时实地走访和半结构访谈了肉牛生产加工企业的主要负责人、技术人员、乡镇政府和村委会的有关人员、村合作社的主要负责人、经纪人、养殖户等。了解当地肉牛产业经营主体的生产状况和肉牛产业组织模式管理运行情况，获得相关案例资料。

(4) 统计分析法

运用统计分析法，首先，通过宏观数据阐述我国肉牛产业的生产、价格、消费和贸易现状，以及样本区域肉牛产业的生产、产业组织情况，总结肉牛产业发展缓慢的限制性原因。其次，通过养殖户调研数据，对样本区域养殖户个体特征、家庭特征、经营特征进行描述性统计分析；运用熵值法测度养殖户交易特性并进行特征分析。

(5) 案例分析法

运用案例分析法，以河北、吉林、山东、湖南4省的肉牛生产加工企业为研究案例，探究肉牛产业组织模式中不同交易特性的肉牛生产加工企业与其他经营主体的交易关系，并考察了其交易关系如何有效匹配治理机制。

(6) 计量分析法

本研究的主要研究内容是构建养殖户交易特性指标体系并进行测度，探究交易特性对养殖户肉牛产业组织模式选择的作用机制，以及养殖户肉牛产业组织模式选择的生产效应和收入效应。采用的计量方法主要包括：熵值法、多元Logit模型、二元Logit模型、中介效应检验模型、随机前沿分析法、Tobit模型、倾向得分匹配法、分位数回归等多种实证方法。

①熵值法。本研究利用熵值法对养殖户交易特性和组织满意度进行测度。首先，根据现有研究成果对交易特性和组织满意度指标体系的选择，从专用性、规模性、风险性3个维度构建表征交易特性的指标体系，从养殖服务、疫病防治服务、信息服务、技术培训、融资贷款、统一销售、养殖小区服务、粪污处理服务等方面构建表征组织满意度的指标体系。其次，运用熵值法对构建的交易特性和组织满意度的指标体系赋予权重，从而测度养殖户的交易特性和组织满意度。

②多元Logit模型。根据Williamson的交易费用理论分析框架，总结出肉牛产业组织模式分为市场交易模式、销售合同模式、生产管理合同模式、准纵向一体化模式4种模式。由于养殖户选择哪一个肉牛产业组织模式可以被看作追求效用最大化的选择过程；肉牛产业组织模式是一个分类变量，类别数量超过2个，且选择的模式不是排序关系，属于典型的多元分类变量，因此适合采用多元Logit模型进行估计。

③二元 Logit 模型。在研究交易特性对养殖户肉牛产业组织模式选择的影响机制中，分析组织满意度在交易特性对养殖户肉牛产业组织模式的利益联结机制选择的调节效应。本研究将利益联结作为探讨交易特性对养殖户选择不同利益联结紧密程度的产业组织模式的因变量。其中，养殖户选择市场交易模式或销售合同模式定义为松散型，赋值为 0；养殖户选择生产管理合同模式或准纵向一体化模式定义为紧密型，赋值为 1。因此，利益联结机制属于二元分类变量，适合采用二元 Logit 模型。

④中介效应检验模型。为考察组织信任度对交易特性影响养殖户肉牛产业组织模式选择的作用机制，本研究运用 Baron 和 Kenny（1986）部分中介效应检验的方法，检验交易特性对养殖户肉牛产业组织模式选择的直接影响，以及交易特性通过提升组织信任度对养殖户肉牛产业组织模式选择产生的间接影响。此外，本研究运用 Bootstrap 方法对组织信任度影响交易特性对养殖户肉牛产业组织模式选择的中介效应进行检验。

⑤随机前沿分析法。在分析养殖户肉牛产业组织模式选择的生产效应时，通过肉牛生产技术效率来衡量，考虑到肉牛养殖户经营过程中受到自然因素的随机影响较大，本研究采用效率测算中随机前沿分析法和超越对数生产函数模型测算肉牛生产技术效率，为进一步探索不同肉牛产业组织模式对养殖户生产技术效率的影响奠定基础。

⑥Tobit 模型。通过超越对数生产函数模型测算的肉牛生产技术效率取值范围在 0～1，属于截断数据，在分析不同肉牛产业组织模式对养殖户生产技术效率的影响时，适合采用 Tobit 模型。

⑦倾向得分匹配法。在测度养殖户肉牛产业组织模式选择的收入效应时，发现养殖户选择肉牛产业组织模式通常受到多方面因素的影响，存在样本自选择问题。对此，本研究采用倾向得分匹配法消除养殖户自选择行为带来的选择偏差，揭示养殖户肉牛产业组织模式选择的收入效应。具体而言，首先使用 Logit 模型估计养殖户选择处理组（处理组 1 为销售合同模式，处理组 2 为生产管理合同模式，处理组 3 为准纵向一体化模式）与控制组（市场交易模式）的概率，根据概率值的大小对样本进行匹配，最后通过计算得到处理组的平均处理效应。

⑧分位数回归。为了更好地分析不同肉牛产业组织模式对养殖户生产技

术效率的异质性影响，本研究采用分位数回归模型进行估计。与传统最小二乘估计法（OLS）相比，分位数回归能够克服因变量条件分布均值回归上的不足，估计结果较为稳健（高清等，2021）。

1.4.2 分析框架

本研究按照“交易特性—模式选择—经济效应”的分析框架，基于交易特性视角对养殖户肉牛产业组织模式选择及其效应进行研究，遵循“理论分析—实证检验—政策讨论”的布局思路，对肉牛产业组织模式的交易关系与治理机制、养殖户组织模式选择及其效应进行深入分析，具体如下：

首先，在理论分析方面。第一，基于交易费用理论，以 Williamson 的制度分析框架为基础，探究肉牛产业组织模式中不同交易特性的肉牛生产加工企业与其他经营主体的交易关系，并考察了其交易关系如何有效匹配治理机制。第二，基于交易费用理论和农户行为理论，探究养殖户交易特性对肉牛产业组织模式选择的影响及其作用机制。第三，基于产业组织理论，从生产技术效率和收入角度对养殖户选择肉牛产业组织模式的生产效应和收入效应进行研究。

其次，在理论分析的基础上进行实证验证。第一，利用实际调研数据和测度工具对 Williamson 分析范式的交易特性进行量化及描述，进一步建立计量模型分析交易特性对养殖户肉牛产业组织模式的影响因素，并分析养殖户交易特性影响肉牛产业组织模式选择的作用机制。第二，从生产技术效率和收入角度对养殖户选择肉牛产业组织模式的生产效应和收入效应进行分析。

最后，在政策建议方面，基于主要研究结论，从肉牛生产经营组织和政府两个角度提出相关建议。

1.5 技术路线与本书结构

1.5.1 技术路线

本研究按照“总体设计—理论研究—数据获取—现状分析—实证分析—结论建议”的研究思路进行，具体的技术路线如图 1-1 所示。

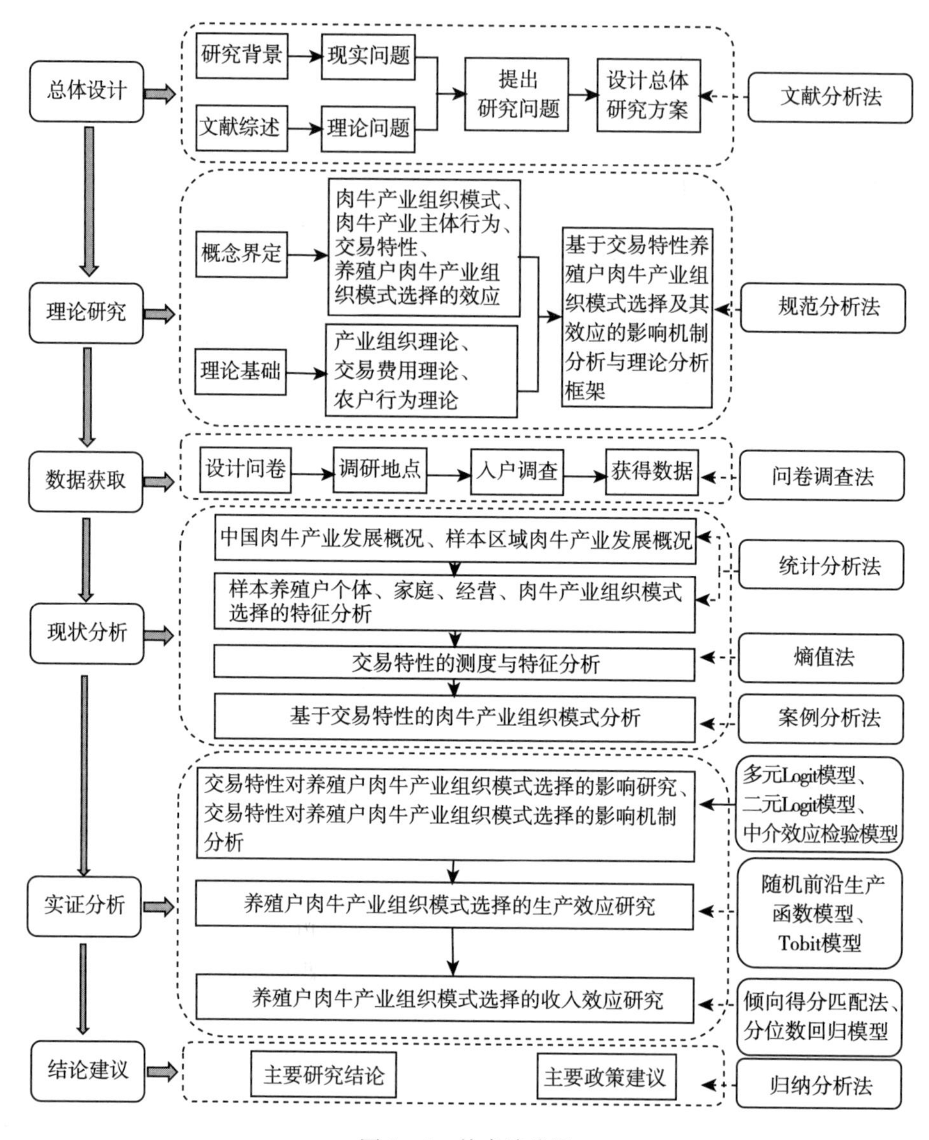

图 1-1 技术路线图

1.5.2 本书结构

本书一共分为 8 章，具体如下：

第 1 章，绪论。本章首先从我国牛肉供需矛盾、肉牛养殖成本偏高、牛肉价格逐年上涨和肉牛产业组织化水平低等角度对研究背景进行介绍，明确研究意义，梳理旨在达到的研究目标与内容。其次，对农业产业组织模式研究、农业产业组织模式选择的影响因素研究、农业产业组织模式选择的效应研究和交易特性与农业产业组织模式选择研究的相关文献展开综述，并进行简要评述。再次，阐述研究方法并厘清分析框架，展示技术路线图及介绍本书结构。最后，总结出本研究创新之处与研究不足。

第2章，概念界定与理论分析。本章首先对肉牛产业组织模式、肉牛产业主体行为、交易特性、养殖户肉牛产业组织模式选择效应等核心概念进行界定和阐释。其次，对产业组织理论、交易费用理论和农户行为理论进行梳理。最后，在相关概念和理论分析的基础上，进行基于交易特性视角肉牛产业组织模式的理论分析、交易特性对养殖户肉牛产业组织模式选择的理论分析、养殖户肉牛产业组织模式选择的效应的理论分析。

第3章，调研方案设计与样本描述性统计分析。本章首先对中国肉牛产业发展概况和样本区域肉牛产业发展概况进行分析。其次，介绍调研方案设计，主要从研究区域概况、问卷设计的主要内容和数据来源这3个方面进行阐述。再次，进行样本描述性统计分析，主要从养殖户的个体特征、家庭特征、经营特征和肉牛产业组织模式参与情况这4个方面对样本的基本特征进行描述性统计分析。最后，运用熵值法构建交易特性的指标体系，根据对养殖户的调查资料，对养殖户交易特性及其构成维度进行测度，比较不同交易特性养殖户之间的差异。

第4章，基于交易特性的肉牛产业组织模式分析。本章首先通过相关文献梳理，根据Williamson的交易费用理论分析框架，从资产专用性、风险性和规模性3个方面，运用案例分析法，探究肉牛生产加工企业与其他经营主体的交易关系，以及如何有效匹配其治理机制，总结出肉牛产业组织模式的类别，并阐释肉牛产业组织模式的特征。

第5章，交易特性对养殖户肉牛产业组织模式选择影响研究。本章首先通过相关文献梳理，根据Williamson的交易费用理论分析框架，从资产专用性、风险性和规模性3个方面，运用多元Logit模型分析养殖户肉牛产业组织模式选择的影响因素，并讨论了交易特性对不同经营规模和肉牛优势产区养殖户肉牛产业组织模式选择的异质性影响。其次，运用二元Logit模型讨论组织满意度的调节效应和组织信任度的中介效应。最后，进行稳健性检验。

第6章，养殖户肉牛产业组织模式选择的生产效应研究。养殖户肉牛产业组织模式选择的绩效评价，最重要的就是生产技术效率的提升以及收入水平的增加。本章首先对不同肉牛产业组织模式及不同肉牛优势产区养殖户的肉牛养殖产出与投入数据进行描述性统计分析。其次，运用随机前沿分析法，选取肉牛出栏平均重量作为产出指标，选取仔畜投入、饲料投入、劳动力投入、其他物质投入作为投入指标，采用超越对数生产函数测算肉牛生产技术效率。再次，根据各投入要素产出弹性公式，对市场交易模式、销售合同模式、生产管理合同模式、准纵向一体化模式和全样本各投入要素进行产出弹性分析。最后，从养殖户个体特征、家庭特征和生产经营特征角度，运用Tobit模型实证分析不同肉牛产业组织模式对养殖户生产技术效率的影响。

第7章，养殖户肉牛产业组织模式选择的收入效应研究。本章首先运用倾向得分匹配法实证分析养殖户肉牛产业组织模式选择的收入效应，其次讨论了养殖户肉牛产业组织模式选择对不同收入水平以及不同规模养殖户家庭总收入的异质性影响。

第8章，研究结论与政策建议。本章首先总结前文各部分研究内容得出主要结论，其次，从优化农产品交易关系的制度环境、大力扶持“本土化”龙头农业企业发展、加强养殖户自身的能力建设等方面提出相关的政策建议。

1.6 创新之处与研究不足

1.6.1 创新之处

本研究以肉牛养殖优势产区（东北优势区、中原优势区、西北优势区、西南优势区）肉牛养殖户的微观调研数据为例，基于交易特性视角探究养殖户肉牛产业组织模式选择及其效应。研究的创新之处包括：

①在研究视角上，从交易特性视角揭示养殖户选择肉牛产业组织模式的作用机制和经济效应。根据Williamson的制度分析框架，深入分析肉牛产业组织模式中肉牛生产加工企业与其他经营主体的交易关系与治理机制，重点探讨了肉牛产业组织模式的4种类型，不仅拓宽了肉牛产业组织模式的研

究视角，还丰富了交易费用理论在肉牛产业组织模式相关研究中的实践应用。同时，构建养殖户肉牛产业组织模式选择的理论框架，并考察交易特性对养殖户肉牛产业组织模式选择的影响机制，丰富了交易特性影响产业组织模式选择的理论应用和经验研究，使得研究结论更加贴合实际。

②在研究方法上，为了确保最终研究目标的实现，本研究综合运用了多种分析方法，并实现了组合运用。通过多种研究方法的交叉运用，理解和检验交易特性对养殖户肉牛产业组织模式选择的作用机制，为深刻理解肉牛产业组织模式在小农户衔接现代农业中的作用规律提供理论样本和现实证据。本研究采用多案例分析方法对4种肉牛产业组织模式进行细致划分和阐述，结合案例研究的优势，推进研究的深度、丰富理论的细节，有理论支撑更有实践案例佐证，分析结果能为一线工作者提供具体应用的参考。在构建交易特性的测度维度和指标体系时运用了文献分析法、规范分析法和熵值法等方法，在探究交易特性对养殖户肉牛产业组织模式选择的作用机制及经济效应时运用了多元Logit模型、二元Logit模型、中介效应检验模型、随机前沿分析法、Tobit模型、倾向得分匹配法、分位数回归等多种实证方法以及问卷调查法等方法。

③在分析框架与研究体系上，本研究立足于“交易特性—模式选择—经济效应”分析框架，兼具系统匹配性和内在关联性。通过Williamson的制度分析框架，构建肉牛产业组织模式的交易关系与治理机制的理论分析框架，系统讨论肉牛生产加工企业与其他经营主体的交易关系，以及如何有效匹配其治理机制。同时，构建养殖户肉牛产业组织模式选择的理论框架，通过提炼研究假说、实证检验来系统分析交易特性与养殖户肉牛产业组织模式选择的逻辑关系，厘清组织满意度和组织信任度对养殖户肉牛产业组织模式选择的调节效应和中介效应，揭示肉牛产业组织模式对养殖户生产效应和收入效应的影响机制，为研究肉牛产业组织模式和经济效应评价提供一个可选分析框架。

1.6.2 研究不足

本研究的不足之处，主要体现在3个方面：

第一，数据资料的局限性。在数据收集过程中，本研究尽可能遵循随机抽样的原则，然而在实际中发现，并不是每个区域都有准纵向一体化模式，且生产管理合同模式也较少。样本省份并没有涵盖肉牛优势主产区的所有省份，地区分布不均是目前肉牛产业组织模式经营面临的问题，大多是利益联结松散型的产业组织模式，个别区域有紧密型的产业组织模式。因此，样本选择的省份和调研的区域对全国的代表性仍有待加强，需要在今后的研究中进一步搜集其他省份数据，使得研究结论更贴合实际。

第二，研究数据的连续性不足。本研究基于实地调研数据对养殖户肉牛产业组织模式选择的作用机制及影响效应进行研究，虽然尽可能控制抽样方法，加大抽样容量，样本具有一定的代表性，但由于无法获得肉牛养殖户选择产业组织模式的动态面板数据，只采用静态的截面数据来进行实证检验，难以全面反映肉牛养殖户选择产业组织模式前后的多维动态变化。因此，未来研究应注意数据获取的连续性，在现有调查数据基础上跟踪样本，以检验交易特性对肉牛养殖户选择产业组织模式的动态效果。

第三，肉牛产业组织模式对养殖户影响的内容有待延伸。肉牛产业组织模式对养殖户的影响是多方面的，本研究从肉牛养殖户理性生产目标出发，着重分析了肉牛产业组织模式对养殖户的生产技术效率和收入水平的影响。然而，肉牛产业组织模式还可能对养殖户的兽药安全使用行为、粪污资源化利用、绿色生产技术采纳、肉牛质量提升等方面产生影响。因此，需要在今后的研究中，多方面考虑肉牛产业组织模式对养殖户的影响，对研究进行补充。

第2章　概念界定与理论分析

本章首先对肉牛产业组织模式、肉牛产业主体行为、交易特性、养殖户肉牛产业组织模式选择的效应等核心概念进行界定；其次，围绕现有文献对产业组织理论、交易费用理论、农户行为理论进行梳理，为养殖户肉牛产业组织模式选择的研究奠定理论基础；最后，阐释基于交易特性视角肉牛产业组织模式的理论分析、交易特性对养殖户肉牛产业组织模式选择影响的理论分析、养殖户肉牛产业组织模式选择的效应的理论分析，并构建本研究的理论分析框架，为之后的实证研究提供理论支持。

2.1　概念界定

2.1.1　肉牛产业组织模式

目前，中国肉牛养殖主体仍以散户和中小规模养殖户为主，其饲养水平较低，防疫意识较差，养殖管理方式落后，直接影响肉牛的生产效率和质量安全。肉牛独特的生长规律，导致肉牛养殖环节分散，并且存在接力养殖的特点，即母牛和犊牛以分散的小规模养殖为主，架子牛流动性较大，育肥牛大多异地集中养殖。然而，牛源不足、养殖效益低、资金缺乏和信贷利率高以及品牌增值幅度低等，仍然是制约肉牛产业发展的关键因素。因此，需要农业产业组织这种交易协调机制（罗必良，2005）帮助养殖户与肉牛产业链上的其他利益主体进行交易活动，以实现专业化、科学化和规模化养殖。同时，农业现代化的目的是提高农业生产率，更好满足人民的需求，建设强大、富裕的国家，然而农业公司不仅是联结其他主体和小农户的载体，更是带动小农户进入农业现代化的主导力量（李静和陈亚坤，2022）。因此，农业公司化是新发展阶段下实现中国特色农业现代化道路的必由之路，也是推动小农户与现代农业发展有机衔接的必然选择。参照学者定义的产业组织模式内涵（Audretsch，2018；聂辉华，2013；罗必良，2002）并结合肉牛产业特性，本研究从交易方式视角，将企业带动型肉牛产业组织模式定义为肉牛生产加工企业、中间组织（经纪人、合作社）和养殖户之间利益联结关系形成的特定的生产经营组织方式。

根据Williamson（1973）的研究，治理决策是“市场”与“科层”之间的基本选择，前者是市场价格机制，后者是“权威”治理机制。在此基础上，内部化交易可以通过非产权或非完全一体化的形式实现，并发展出多样化的混合治理机制。Williamson（1998）将经济组织形式划分为市场交易模式、混合制模式和科层制模式。借鉴已有研究成果，结合肉牛优势产区实地调查情况，根据肉牛产业组织模式中经营主体之间的利益联结关系，从契约选择角度将企业带动型肉牛产业组织模式总结为以下5类：

①市场交易模式，即肉牛生产加工企业与养殖户之间是直接的市场买卖关系，没有形成协作关系，养殖户自行决定生产、经营和销售。

②销售合同模式，即肉牛生产加工企业直接或间接与养殖户签订远期收购合同，企业规定交易的价格、数量、时间和产品属性，养殖户自主决定生产和经营。

③生产管理合同模式，即肉牛生产加工企业直接或间接与养殖户签订生产管理合同，企业向养殖户赊销生产环节必需品，规定生产的方式，由养殖户生产符合交易标准的肉牛。

④准纵向一体化模式，即养殖户直接或间接通过资金入股、生产资料入股或土地要素入股等形式，以肉牛生产加工企业为主导建立生产基地，雇佣养殖户在生产基地进行规模化经营。

⑤完全纵向一体化模式，即肉牛生产加工企业将生产环节置于实体边界之内，进行集生产、加工、销售的全产业链经营方式。由于完全纵向一体化模式下，企业仅对肉牛养殖户履行一定的社会责任，不能有效缓解“小农户”与“大市场”的矛盾，所以该模式不属于本研究的重点分析考察内容。

已有研究成果表明，传统农业产业组织模式在利益联结机制上较松散，由于交易双方议价能力具有明显差异，容易出现利益分配不均、交易费用高、机会主义行为缺乏约束等负面影响，这种利益联结机制是非稳态的（曹子坚和张鹏，2009；邓宏图等，2018）。虽然，在完善利益联结机制的途径方面还未有一致的观点，但“订单收购＋分红”“农民入股＋保底收益＋按股分红”等模式的成功实践，为构建紧密型利益联结机制提供了发展方向（钟真等，2021；胡海和庄天慧，2020）。企业带动型肉牛产业组织模式的经济利益主体主要是公司和养殖户，且有着不同的利益需求，随着互惠关系以及利益联结关系不断加深，为了保障自身的经济利益，通过改变现有利益联结方式，其利益联结紧密程度从松散型逐步向紧密型转变，以保障组织模式的稳定运行（李世杰等，2018）。为了进一步探讨交易特性对养殖户选择产业组织模式的影响机制，本研究按照利益联结紧密程度将以上 4 种产业组织模式分为 2 种类型：松散型产业组织模式（市场交易模式和销售合同模式），紧密型产业组织模式（生产管理合同模式和准纵向一体化模式）（钟真等，2021）。

2.1.2　肉牛产业主体行为

肉牛产业主体主要包括肉牛生产、加工、销售各个环节以及链条上的多个经营主体，而肉牛产业主体行为主要包括企业、合作社、中介组织、养殖户、规模养殖场等其他各类参与主体的行为（傅琳琳，2017；郑军南，2017）。由于，本研究的研究对象为肉牛养殖户，为提升我国肉牛产业的组织化水平，转变养殖户的粗放型生产方式，需要肉牛养殖户在各个经营环节都能积极参与到产业组织中。因此，本研究主要考察肉牛产业主体行为中肉牛养殖户的行为，包括肉牛养殖、肉牛销售以及生产性服务环节的产业组织参与行为。

2.1.3　交易特性

根据交易费用理论，交易的性质决定“交易—协约”方式、合约治理机制及其治理结构。Williamson 分析范式下的交易特性主要由资产专用性、不确定性和交易频率组成（Williamson，1985），主要适用于工业生产领域。然而，对于农业生产领域而言，农业生产活动极易受到自然条件、自然环境等不确定性因素的影响，并且农产品的种植或养殖存在生命现象且生产周期较长，所以“工厂化”的交易特性并不适用于农业生产领域（胡新艳等，2015）。据此，本研究在Williamson分析范式的基础上，借鉴吴曼等（2020）、苟茜和邓小翔（2019）、何一鸣等（2019）的研究，并结合肉牛生产活动的前期资本投入较大、生长周期长、养殖成本高等特点，将交易特性修改为专项资产专用性、交易规模和交易风险，为了名词的统一性，进一步修改为专用性、规模性、风险性。根据本研究内容，首先基于交易特性视角分析不同交易特性肉牛生产加工企业的交易行为，总结出4种肉牛产业组织模式；其次以肉牛养殖户的交易特性视角，分析肉牛养殖户选择上述4种肉牛产业组织模式的内在机制。据此，本研究将界定肉牛生产加工企业的交易特性和肉牛养殖户的交易特性，具体内容如下：

①肉牛生产加工企业的交易特性。肉牛生产加工企业的专用性一般是指，在某项交易达成前需要进行耐久性投资，通常包括资产（通用型资产和专用型资产）、技术（通用技术和专用技术）的投资。肉牛生产加工企业的规模性一般是指，企业为了实现规模效应，在一定资本设备支撑条件下，能够满足正常经营水平的交易能力。肉牛生产加工企业的风险性一般是指，企业在进行肉牛生产加工活动时，一方面受到环境的影响，主要包括自然环境和市场环境，另一方面受到交易对象机会主义行为的影响。

②肉牛养殖户的交易特性。肉牛养殖户的专用性一般是指，在不牺牲生产价值的条件下，资产能够被重新配置于其他备择用途且不影响实际适用性的程度，主要包括实物资产专用性、人力资本专用性、地理位置专用性等（Jin et al.，2013；王翌秋等 2019；冯晓龙等，2018）。肉牛养殖户的规模性一般是指，养殖户进行肉牛养殖的经营规模，包括年肉牛出栏量、牛舍数量、牛舍面积等方面（何一鸣等，2019）。肉牛养殖户的风险性一般是指，养殖户因肉牛生产活动的连续性和长周期性等生产特征而存在的高风险性，以及由于交易双方不信任产生的机会主义行为，导致养殖户面临的生产经营风险和交易风险（苟茜等，2019）。

2.1.4　养殖户肉牛产业组织模式选择的效应

在低碳减排、禁牧和畜禽养殖环保等环境政策规制下，肉牛产业引入现代生产要素，普遍采用直接投资的方式以提升产业化发展，而忽视了改变产业组织形式的迂回投资方式（Barrett et al.，2020），即“代养”（委托养殖）、“代管”（委托管理）和“代营”（委托经营）等多种迂回投资方式。换句话说，农业产业化发展的过程，是农民组织化的过程（杨欢进和杨洪进，1998）。“效应”是有限环境下的因果现象，既可以描述自然现象，也可以描述社会现象（段培，2018）。本研究从肉牛养殖户理性生产目标出发，选择对自身经营情况最有利的产业组织模式，以寻求对生产要素的合理配置，并提升其增收能力（乔志霞，2018）。当养殖户积极参与到肉牛产业组织中后，不仅有利于提升其组织化水平，还有利于转变粗放型生产方式，提高肉牛生产技术效率水平。同时，采用迂回投资方式使得肉牛产业链向着横向聚集、纵向缩短的态势发展，降低养殖户的交易费用，提升自身的经营能力水平，进而提升收入水平（耿宁和李秉龙，2014）。根据已有研究成果，本研究将养殖户选择肉牛产业组织模式所带来的生产技术效率和收入水平的变化分别称为养殖户肉牛产业组织模式选择的生产效应和收入效应。

2.2　理论基础

2.2.1　产业组织理论

现代产业组织理论将产业组织定义为产业链各环节主体组织以及主体之间的关系（李霖和郭红东，2017；卫志民，2003）。这种关系涵盖了交易关系、企业结构与行为、专业化分工、资源利用、利益共享和治理机制等（徐涛，2009）。产业组织理论是用于分析市场结构与组织化程度，以及不同企业间的相互作用和影响，进而研究如何提升企业资源禀赋和物质资源配置效率、维护市场秩序、促进企业进步和创新，研究最终如何实现产业链和价值链的优化调整与迭代提升的（陈德球等，2021；Sun et al.，2018）。

产业经济学中的产业组织理论发源于亚当·斯密《国富论》中的专业化合作与分工经济理论，是产业组织和组织行为的微观经济学纵深发展（严成樑，2020）。伴随着市场经济的快速发展、全球要素分工的进程加快，生产力推动的产业组织模式和生产形式均发生了深刻变革，产业组织理论实现了“井喷式”的发展。在全球经济危机的背景下，20 世纪 30 年代，产业组织理论正式发端于美国。美国经济学家梅森最早在哈佛大学开设产业组织课程，他的博士研究生贝恩也成长为产业组织理论的权威人物，他们和张伯伦成为哈佛学派中研究产业组织理论的先驱者（Waldman 和 Jensen，2016）。1959 年贝恩出版《产业组织》一书，比较详细地阐述了“市场结构—市场行为—市场绩效”（SCP）基本理论框架体系，并建立了完整的 SCP 研究范式。产业组织理论一开始就非常注重政策意义，与当时的反托拉斯活动高度相关，推动美国司法部颁布了一系列限制企业并购的规定。

20 世纪 60 年代，波斯纳、麦吉、施蒂格勒和戴姆塞茨等来自芝加哥大学的学者组建了新的产业组织理论研究中心，形成了芝加哥学派。1968 年施蒂格勒出版《产业组织》一书，他注重产业组织的绩效问题，侧重使用严格的经济理论分析研究问题，同时强调理论的经验证明，其思想逐渐形成“效率学派”（Plott，1982；Shy，1996）。芝加哥学派认为国家应该降低对垄断企业的约束，更有效率地管理垄断企业的行为，不断调整市场均衡。20 世纪 70 年代，随着竞争市场理论、交易费用理论和博弈论等新思想的引入，产业组织理论在分析基础、分析手段、探究方法方面也有了新的跨越式发展（牛晓帆，2006；肖兴志和吴绪亮，2012）。1982 年鲍莫尔提出可竞争市场理论，指出特定的市场结构不一定导致特定的生产效率，因为在可竞争的市场上，企业退出不存在沉没成本，从而相关企业可以自由进出市场，即不存在垄断利润（Loecker and Syverson，2021）。这与原有假定垄断市场结构必然引起垄断市场行为和利润的出现，市场的可竞争性可以提升市场效率的观点不一致。1973 年戴姆塞茨提出，企业的高收益不一定是垄断竞争造成的，更多的原因在于先进的生产技术，在任何行业中，低成本的企业一定会扩大市场份额，从而提升市场集中程度，改变市场结构（Sanchez，2018）。1975 年，威廉姆森也认为组织的经济性降低交易费用，即大企业拥有更高的效率，获得更多的利润。20 世纪 80 年代，斯宾塞、施马兰西、韦利格等人利用现代微观经济学的最新成果，对哈佛学派的“市场结构—市场行为—市场绩效”进行完善，形成了新的产业组织理论。以科斯为代表的新制度学派是新产业组织理论的重要分支，他们重视市场行为，以市场不完全作为基础假定，在交易费用理论基础上研究企业存在和运行机制，对现实的经济现象的解释更为准确（Corchón and Marini，2018；吴汉洪，2019）。新制度产业经济学认为生产规模的扩大和集中不代表垄断的出现和市场效率的降低，而是企业机制对市场机制的替代，丰富了人们对于产业组织的研究视角。新制度产业经济学派在理论研究时不光关注市场结构，还扩展到市场机制与企业机制的中间环节的经济组织，使其更加符合市场规律。

随着产业组织理论的发展，产业组织理论的研究框架也不断完善。贝恩“市场结构—市场行为—市场绩效”的传统研究框架如图2-1所示。这个研

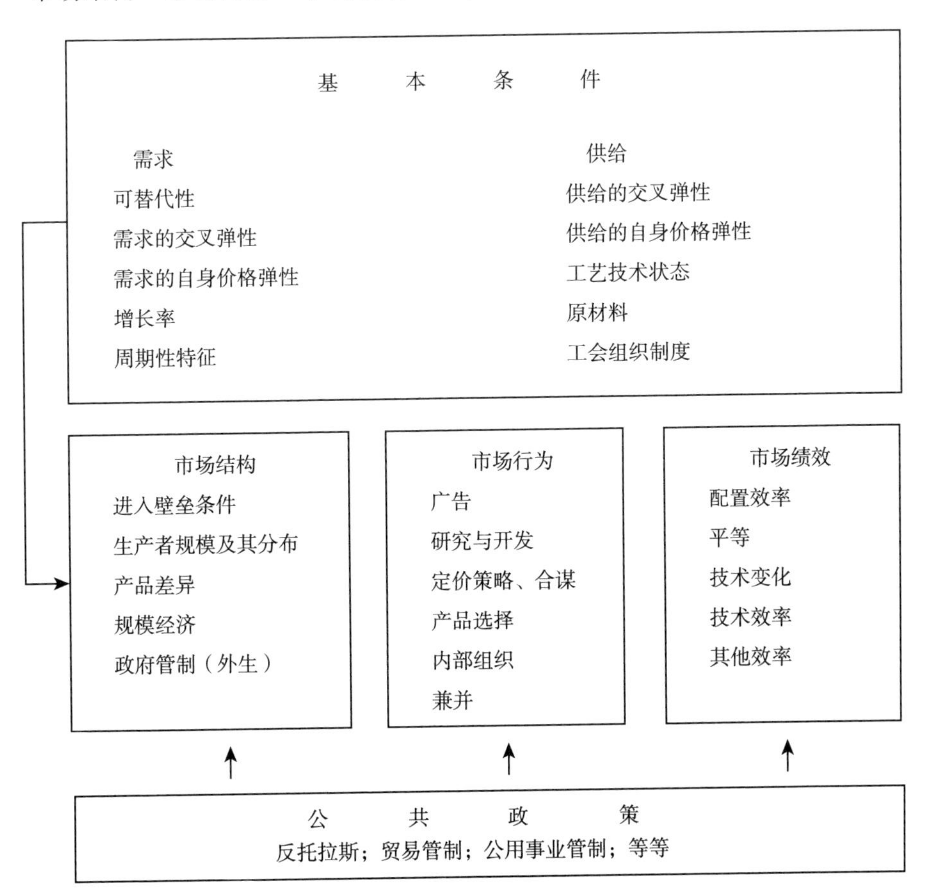

图2-1　贝恩的SCP框架

究框架的假定是市场结构决定市场行为，市场行为决定市场绩效，强调市场结构的重要作用，将其与市场需求和公共政策结合构成 SCP 产业组织理论体系框架。随后在 1967 年理查德和 1988 年弗格森的相关著作中对贝恩的 SCP 框架进行了修正，指出市场绩效和市场行为也会对市场结构产生影响。例如，企业的兼并行为会影响企业的数量和规模，企业的创新和广告活动也会提高行业壁垒，企业的掠夺性定价行为也会迫使竞争者退出市场（Sheldon，2019；Berry et al，2019）。如图 2－2 所示，市场结构影响市场行为，市场行为改变价格，提高行业利润，吸引新的企业进入，改变市场结构。可将 SCP 的关系看作短期和长期的实线与虚线的循环关系。现阶段，为了考察政府干预对市场活动的反应，提高竞争中性政策的可操作性、系统性，进一步优化 SCP 的分析框架，使之能够提供评估政府干预影响市场竞争的分析思路（张晨颖和李兆阳，2020）。如图 2－3 所示，引入政府干预的 SCP 框架核心在于防止政府干预导致不同经营者在市场结构、市场行为、市场绩效上存在不正当的竞争优势与竞争劣势。

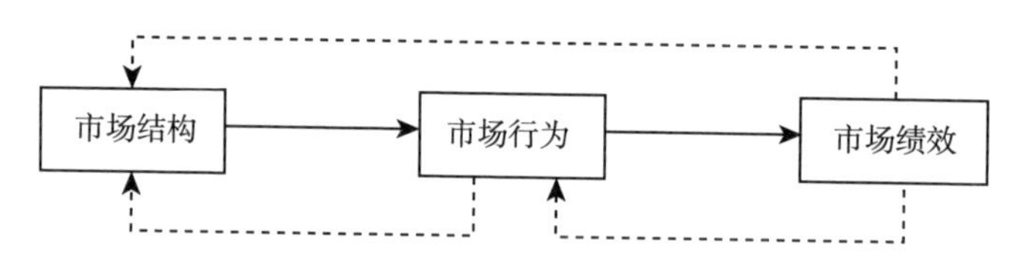

图 2－2　修正的 SCP 框架

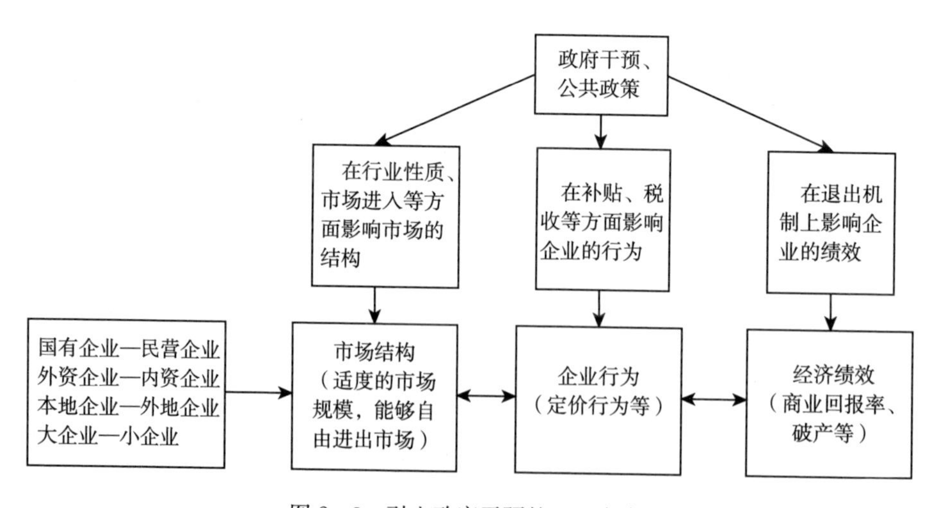

图 2－3　引入政府干预的 SCP 框架

从上述理论发展可以看出，产业组织理论采取实证研究和规范研究相结合的做法，将政府产业规制引入分析框架，关注生产成本、市场占有率、产业集中度和竞争度等涉及产品结构和市场结构变动的产业关系。部分学者从产业组织的视角研究产业链上下游的协同关系与组织绩效。

参照上述产业组织的相关理论，本研究中肉牛产业和产业组织体系的现状是肉牛产业组织模式形成与发展的基础。市场环境的差异塑造了肉牛养殖户和产业链上下游不同主体之间的合作关系和经营模式，即肉牛养殖户选择不同的组织模式。肉牛养殖户选择不同的组织模式会对其生产效应和收入效应（肉牛生产技术效率和家庭总收入）产生影响。而肉牛养殖户的生产效应和收入效应也会反映肉牛养殖户与不同交易主体之间的产业组织模式选择是否科学有效。推广行之有效的产业组织模式，优化市场结构、市场行为和市场绩效，有助于实现我国肉牛产业的高质量发展。另外，产业组织理论对于研究肉牛产业的时空演化和空间分布、肉牛产业组织模式的特征、养殖户选择行为及其生产和收入效应等，指导肉牛产业可持续发展，具有重要价值。

2.2.2　交易费用理论

1937年科斯发表的《企业的性质》第一次提出了经典的交易费用理论，交易成本的基本假设是个人主义的经济效用最大化、机会主义和有限理性。企业和市场是不同的资源配置的方式，企业是市场机制的替代品，科斯利用比较静态分析试图解释企业存在的意义以及如何确定企业边界（Coase，1937）。1969年Arrow（阿罗）将制度性交易成本简单定义为市场制度运行所需的成本，即制度的设立成本、运营成本和监察成本。虽然两人均对交易成本的本质做出定义，但相关定义不具备可操作性，因此不断有学者对交易成本从不同维度进行定义。Dahlman（1979）将交易成本定义为准备契约、达成契约和监督实行契约的成本。North（1990）认为，制度费用包括一切不直接发生在物质生产过程中的成本，即一种“看不见的手”的使用成本，可分为信息成本、谈判成本、实行成本、控制成本和制度结构发生变化的成本。Ghoshal（1996）验证了交易成本的重要性，通过纳入交易成本改变价格概念，将其转化为单期Arrow－Debreu模型，提升了交易成本概念的实操性。张五常（1999）研究发现，交易费用的实质即制度成本，是一种广义的概念，包括制度变化的费用、信息搜索和管理的费用。杨小凯和张永生（2003）认为交易成本主要表现为2种模式，分别为外生交易成本和内生交易成本。外生交易成本在决策前就可看到，与自利决策产生的利益冲突所导致的扭曲没有关系；而内生交易成本被认为是决策的交互作用发生后才可以看到的成本，通常由道德风险和信息不对称引起。在交易费用理论的应用中，祁应军（2021）的研究发现，放牧草场是一种公共资源，存在“公地悲剧”的现实情况，草场产权的界定存在以下三种成本：一是界定成本，在物理与价值形态上界定草场产权边界所需的成本；二是实施成本，权利持有者使用其权利获得收益所要耗费的成本；三是协商成本，即多主体持有者达成相同意见所花费的成本。Rindfleisch（2020）指出明确的操作化使得有可能从实证分析的角度来验证管理方式的成功，使之拥有作出市场交易的可检验假设的能力。邸玉玺和郑少锋（2022）认为交易成本即交易发生前、中、后的所有费用，涵盖信息搜索、讨价还价、协商成本等一系列契约费用。

交易费用理论是新制度经济学的核心范畴，是分析经济社会问题的重要理论和方法。作为本研究的重要理论工具，交易费用发生在肉牛生产、经营、销售的整个过程中，为养殖户肉牛产业组织模式的行为选择和绩效提供了理论支持。本研究将以交易费用理论为落脚点，阐述我国肉牛产业组织模式的4种类型，并基于交易费用理论分析影响养殖户选择肉牛产业组织模式的因素。

2.2.3 农户行为理论

农户作为农村社会经济活动的参与主体，其行为是指农户在日常农业生产经营过程中做出的各种决策，例如土地流转行为、生产信贷行为、绿色生产行为和产品销售渠道选择行为等（邸玉玺和郑少锋，2022；郜亮亮，2020；廖红伟和杨良平，2019）。针对生产者是否为理性经济人，形成了4种主流的小农学派，分别是舒尔茨、波普金的理性小农学派，黄宗智的社会化小农学派，马克思和恩格斯的政治经济学派，恰亚诺夫的组织与生产学派（Campenhout et al.，2021）（表2-1）。

表 2-1　主流观点对农户行为概念的解释

理论学派	代表人物	主要理念	均衡条件
理性小农学派	舒尔茨	农户的行为和其他经营者一样，都以追求约束条件下的利润最大化为目标	边际成本等于边际收益
	波普金	农户是理性的，可根据其偏好做出实现效用最大化的选择，达到帕累托最优	
社会化小农学派	黄宗智	农户既是利润的追求者，又是维持生计的生产者，更是受剥削的耕作者	无条件均衡
政治经济学派	马克思、恩格斯	小农人数众多，他们的生活条件相同，但是彼此间并没有发生多种多样的关系	一般均衡理论的实现
组织与生产学派	恰亚诺夫	农户在农业生产活动中主要追求家庭对农产品的需求和农业劳动投入的辛苦程度之间的平衡，未能实现利益最大化	边际效用等于休闲的效用

理性小农学派的代表人物是舒尔茨和波普金。该学派认为农户一般以收益最大化为出发点进行行为选择，农户会对生产经营中的风险、成本等综合考量之后做出决策，所以农户在本质上是理性经济的（杨永华，2003）。舒尔茨认为农户与企业家具有相同的本质属性，会按照经济理性的原则，追求生产效益并合理调整资源配置。小农会根据自身的生产经验对市场价格波动进行调整，实现资源配置的最优选择。基于印度传染病导致农业产出下降的案例，舒尔茨坚持劳动力配置效率理论，否定了隐蔽失业的存在。技术进步的不确定性和对创新风险的厌恶导致小农户会自发排挤新技术的出现，固执地坚持传统农业技术，阻碍农业技术的进步。因此，需要改造传统农业，加大对农民的教育投资，提高农民接受新技术的能力。波普金的思想起源于舒尔茨，他强调农户具有经济计量思维和理性逻辑，自发追求家庭福利的最大化（郑双怡和冯琼，2021；姜安印和杨志良，2021）。美国经济学家塔克斯在调查危地马拉的农业活动中发现，印第安人在财富积累和继承、生活水平、组织、土地使用等方面都表现出明显的经济理性。

社会化小农学派的代表人物是黄宗智。黄宗智认为 20 世纪初我国的小农户是 3 种特征的结合体，既是维持生计的生产者，又是追求利益的主体，还是被剥削的对象（黄宗智和彭玉生，2007）。同阶层的小农所混合的特征侧重点存在差异，富农或农场主更倾向于“理性小农”，为自家消费而生产的自耕农则更倾向于“生存小农”。

马克思和恩格斯对小农的阐述是以“小土地所有制”为基础的、以手工劳动为手段的、拥有狭小土地面积的自耕小农，其主要特征为分散、孤立、仅拥有较小的土地、不参与社会交换、没有先进的农业机械、依靠手工生产（李昱姣，2011）。杜赞奇（2010）在关于我国华北地区小农的特征上指出，华北地区的小农户既有“理性小农”的特征，又包含“生存小农”的因素。综上，小农的性质界定要结合所处的历史条件和现实背景，核心是考虑农户是否为可流动的劳动力资源，如果农户不能参与到劳动力市场的流动中，仅依靠农业生产只能维系最基本的生计，则为“生存小农”；如果农户拥有土地、劳动力和资金等生产要素，则趋近于“理性小农”。当前，我国已从解决绝对贫困、实现全面小康向解决相对贫困、实现共同富裕跃进，更符合“理性小农”的特征。以上无论是单一还是综合流派的论述和观点，均从某一角度切入，未来小农户与现代农业发展有机衔接研究方向的拓展重点在于如何在农业转型的经典理论中深化小农户与现代农业关系问题的分析。

组织与生产学派的代表人物是恰亚诺夫。他在20世纪20年代研究发现，小农户在社会生产的选择中存在许多不理性的行为。例如先进的农业生产工具可能并不会受到农户的欢迎，农户租用土地付出的地租要高于雇佣劳动所获取的利润。农户是生产单位和消费单位的结合体，具有企业家性质和工人思想的双重联合属性。隐蔽性失业的存在是由于部分农民不具有其他技能，在劳动剩余的背景下很难寻求到其他就业机会（恰亚诺夫，1996）。农场主可以通过使用先进设备提高生产效率获得更高收入，但贫穷的小农会因此失去工作的机会，所以被雇佣的农户会选择放弃使用先进的农业机械。被雇佣的农户愿意让渡部分剩余价值，投入更多的体力劳动，以求缓解生存压力。斯科特研究发现，在资源禀赋和自然灾害的影响下，小农主要的目的是维系生活，并没有过多的想法去计算经济效率。农户关心的重点在于还剩多少粮食，能否维系整个家庭的食物安全和生活所需，并不关心雇主获取了多少利润和生产效益（Rezaei et al.，2018）。在自然灾害的年份里，农户会选择兼业经营或投奔亲属以缓解生存压力。从研究领域来看，组织与生产学派适用于市场经济不发达、资源禀赋差、合作程度低、劳动力市场闭塞、只能依靠基础劳动和互助生存的弱势小农群体（Gardner，1989）。林毅夫（2010）的农业经济学研究也是在理性小农的基础上展开的，他认为从农户的角度出发，农户的非理性行为其实是由于产品和要素市场的条件不同的理性表现。

上述不同学派是基于不同国情、条件和政策目的考量形成的不同的理论体系。本研究以舒尔茨的理性小农为核心出发点，认为养殖户对肉牛产业组织模式的选择行为和生产行为的出发点都是以追求利益最大化为导向的（仇焕广等，2014）。值得注意的是，由于养殖户处于信息劣势，呈现出有限理性的特征，存在信息不对称以及契约不完备导致的委托代理问题。利益最大化的实现程度，取决于养殖户的决策及其实施过程。

2.3　养殖户肉牛产业组织模式选择及其效应的理论分析

2.3.1　基于交易特性的肉牛产业组织模式的理论分析

根据“交易关系—治理机制”的理论分析框架，需厘清企业控制型肉牛产业组织模式中不同交易特性的农业企业与其他经营主体的交易方式，以及不同交易关系类型的有效治理，以促进农业产业组织模式的可持续发展。交易费用理论认为，基于不同的交易特性构成的交易方式，是交易各方按照“最低的交易费用，实现最高的绩效水平”这一原则的选择结果（Macchiavello and Morjaria，2021）。另外，本研究借鉴吴曼等（2020）、苟茜和邓小翔（2019）的研究，并结合农业生产活动的特点，将交易特性修改为专项资产专用性、交易规模和交易风险（生产风险和市场风险）。本研究借鉴 Macneil（1978）的经典研究，按照交易双方的交易频率和交易紧密度，形成了一个从个别交易到重复交易、再到垂直整合的交易关系递进趋势。在现实生活中，纯粹的个别交易，即“一手交钱一手交货”的钱货两清，不包含额外内容，是非常少见的，因而个别交易只是交易关系的起点。由于，垂直整合的交易关系是将市场交易内部化，进而由内部化的组织管理机制替代了市场机制，因而垂直整合的交易关系不属于本研究重点探讨的交易关系。另外，参照 Foltean（2019）将交易关系分为重复交易、长期交易、买卖伙伴、战略联盟和网络组织，本研究按照企业控制型肉牛产业组织模式中肉牛生产加工企业与其他经营主体的交易频率和交易紧密度，将交易关系划分为短期重复交易、长期重复交易、长期持续交易和部分纵向整合交易 4 种交易关系。

农业企业、中间组织（经纪人、合作社）以及农户相互之间联结所形成的组织模式，本质是基于交易的制度安排，关键在于缔结、执行和维护不同交易关系类型过程的有效复合治理机制（徐旭初等，2019）。交易费用理论的治理，一般是指为支持交易而设计的机制，即治理是为了促进交易的缔结、执行和维护而存在的。根据 Williamson（1996）的制度分析框架，治理是“市场”与“科层”之间的基本选择，前者是市场价格机制，后者是“权威”治理机制。交易费用理论的契约，一般是指交易主体之间具体达成的交易，以及假定在数量、质量和期限都已明确说明的情况下由价格与专用性资产及其保护所构成的交换条款（Williamson，1973）。Macneil（2000）将交易主体之间的关系拓展到过去发生的交易、现在进行的交易以及未来预计的交易，由此发展出关系契约规范。另外，张闯等（2009）将交易关系的治理机制分为市场机制、契约治理机制、关系治理机制和产权安排 4 种典型形态。崔宝玉和刘丽珍（2017）将交易关系的治理机制分为商品契约治理机制、关系治理机制和要素契约（股权安排）治理机制 3 种典型形态。本研究将肉牛产业组织模式中肉牛生产加工企业与其他经营主体之间交易关系的治理机制分为市场机制、商品契约治理机制、关系治理机制和要素契约（股权安排）治理机制 4 种典型形态（图 2－4）。

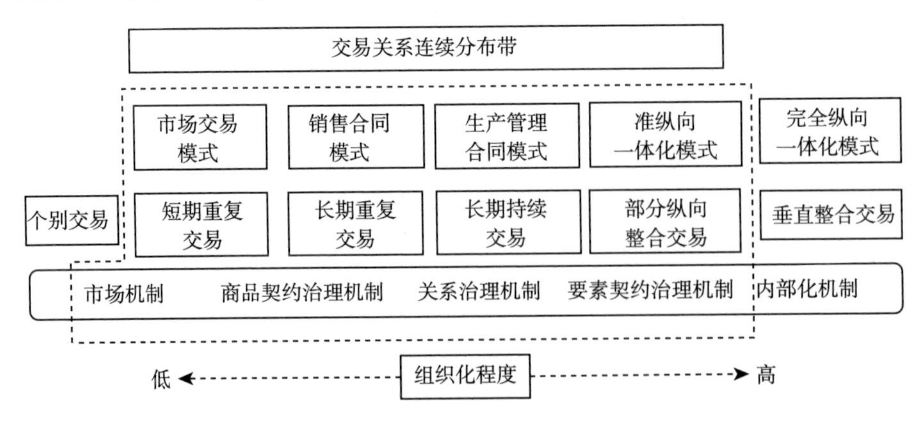

图 2－4　肉牛产业组织模式的交易关系及其治理机制演进图示

那么，不同类型的交易关系，应该采用何种治理机制更有利于肉牛产业组织模式的有效运营？上述理论分析表明，在个别交易向垂直整合交易过渡的过程中，治理机制从契约治理到倾向于关系治理，其中的“关系”要素逐步增加。但在个别交易与垂直整合交易的中间地带，其治理机制可能是一种复合状态，即各种治理机制以不同的方式混合在一起共同治理某种类型的交易关系。这种复合治理机制相比单一治理机制更有灵活性，有利于交易关系的稳定，能够为交易各方提供更加灵活的适应机制，以减少机会主义行为的发生。

根据肉牛产业组织模式中养殖户与下游交易者之间的交易方式进行分类，并总结出相对应的交易关系类型及其治理机制，具体内容如下：①市场交易模式（短期重复交易），该模式主要表现为小规模肉牛养殖户自行决定肉牛养殖和销售，交易对象数量众多且不固定，治理机制以市场机制为主、商品契约治理机制为辅；②销售合同模式（长期重复交易），该模式主要表现为肉牛养殖户以合作社或中介组织（中间商或经纪人）为依托，与下游的养殖公司或屠宰加工公司建立长期的交易关系，双方会签订远期收购合同，但发生机会主义的概率较大，治理机制以商品契约治理机制为主、市场机制和关系治理机制为辅；③生产管理合同模式（长期持续交易），该模式主要表现为下游的养殖公司或屠宰加工企业与肉牛养殖户或合作社签订生产管理合同，从而建立长期稳定的交易关系，治理机制以商品契约治理机制为主、关系治理机制为辅；④准纵向一体化模式（部分纵向整合交易），该模式主要表现为肉牛养殖户通过合作社以资金入股或土地要素入股的形式与公司进行股份合作，融入肉牛产业的价值链，治理机制以要素契约治理机制为主、关系治理机制为辅。

2.3.2　交易特性对养殖户肉牛产业组织模式选择影响的理论分析

根据 2.1.3 中对养殖户交易特性的界定，可知“工厂化”的交易特性并不适用于农业生产领域，由于肉牛生产活动还区别于一般的农业生产，其具有前期资本投入较大、生长周期长、养殖成本高等特点，借鉴相关文献，本研究将 Williamson 分析范式下的交易特性修正为专项资产专用性、交易规模和交易风险，为了名词的统一性，进一步修改为专用性、规模性、风险性（胡新艳等，2022；吴曼等，2020；苟茜和邓小翔，2019；何一鸣和罗必良，2011）。其中，肉牛养殖户专用性具有2个方面的特征：一方面，养殖户资产专用性越高，意味着其退出交易市场时成本越高，需要付出的沉没成本往往越高；另一方面，由于肉牛生产活动的特殊性，养殖户需要一定的专用知识，以及较高的固定资产成本，从而以较低成本排斥非专业人员的使用（何一鸣等，2020），即从事肉牛养殖的准入门槛较高。当专用性越强，养殖户的沉没成本和交易费用也越高，在相同的机会主义倾向下会选择不同的产业组织模式，以减少交易成本（何一鸣等，2019）。肉牛养殖户规模性指的是养殖户的经营规模，一般用年肉牛出栏量进行测度，然而牛舍数量、牛舍面积等方面也可以间接体现经营规模。养殖户经营规模越大，其同肉牛产业中其他经营主体的交易越多、越频繁，同时，也意味养殖户从事肉牛养殖的经营能力越强，家庭内部合理配置生产资料的难度越大（苟茜和邓小翔，2019）。肉牛养殖户风险性指的是养殖户因为肉牛生产活动的连续性和长周期性所面临的生产经营风险，以及由于交易双方不信任产生的机会主义行为导致的生产经营风险和交易风险（牛文浩等，2022）。当面临高风险性时，养殖户倾向于选择利益联结机制更紧密的肉牛产业组织模式以分担风险。因此，养殖户的专用性、规模性、风险性分别从养殖户的专用性投资、经营规模、规避生产风险的角度，影响养殖户选择肉牛产业组织模式（Ola and Menapace，2020）。

从养殖户对产业组织信任程度的视角来看，养殖户选择产业组织模式属于农业组织化行为，必然会产生组织信任成本、监督管理成本以及利益协调成本。经营主体间信任是协作的基础，不仅具有简化信息的作用，还能够有效减少摩擦，作为一种行为约束机制，有利于降低交易成本（常多粉和杨立华，2019）。一般来说，养殖户服务满意度不仅体现出肉牛产业组织模式的投入效率，而且也表现出养殖户对组织主体服务的主观偏好，是体现肉牛产业组织模式绩效的一个重要维度。紧密型产业组织模式通常会对养殖户提供种类更加丰富的社会化服务内容，通常根据养殖户的服务需求，提供相应的服务内容，有利于明晰养殖户和企业之间的产权关系，从而降低养殖户的交易成本，并减轻外部性困扰

（韩春虹，2022）。因此，养殖户对产业组织的信任程度，或对产业组织提供服务的满意程度等内在因素，也会影响其选择不同的肉牛产业组织模式。

基于以上分析，构建本研究“交易特性—模式选择”理论分析框架，如图 2－5 所示。专用性、规模性和风险性 3 种交易特性会直接影响养殖户选择肉牛产业组织模式，然而组织信任度和组织满意度也会对养殖户选择肉牛产业组织模式起到中介或调节作用。

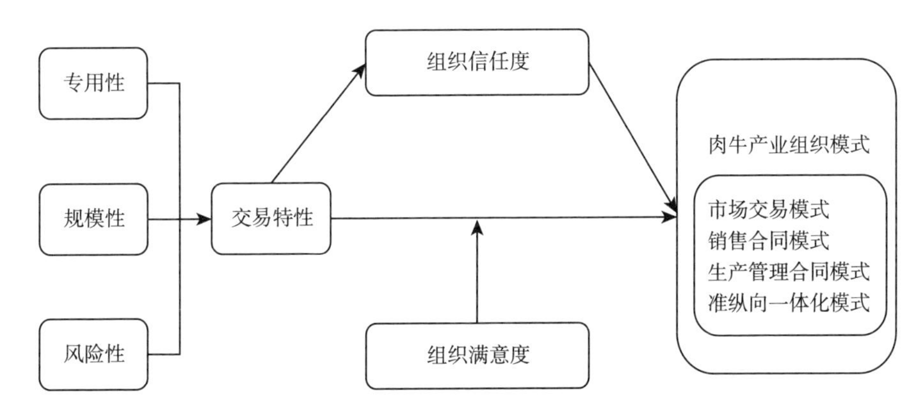

图 2－5　交易特性对养殖户肉牛产业组织模式选择影响机制

2.3.3　养殖户肉牛产业组织模式选择的效应的理论分析

参与肉牛产业组织模式的养殖户，会在不同程度上享受到产业组织提供的养殖服务、疫病防治服务、信息服务、粪污处理服务、融资贷款服务、统一销售服务、养殖小区服务等多种服务，不仅能够有效地帮助养殖户减少交易成本、规避市场风险、打破信息壁垒，解决生产经营中的问题（王洪煜等，2021），还可以带动养殖户与其他经营主体的积极互动，通过增强与技术相匹配的物资供应、技术传递、共担风险等多种手段，提高流通效率、提升农产品附加值、改善养殖户在交易市场中的弱势地位（程华等，2019）。因此，养殖户参与产业组织模式能够在投入和生产服务、信贷便利、采用养殖新技术、提升人力资本和社会资本水平、交易价格的保障、进入外部市场的机会等方面获得好处，进而有利于养殖户维护权利和权益，提高生产绩效，提升经营收益和收入水平（郭熙保和吴方，2022）。根据以上分析和影响机制（图 2－6）可以看出，肉牛产业组织模式通过对养殖户提供多种产业组织服务，增强养殖户的经营能力、市场参与能力，保证销售稳定，提升农产品附加值等，还能够有效减少肉牛生产活动中的成本和风险，从而提升养殖户的生产技术效率以及家庭收入水平。

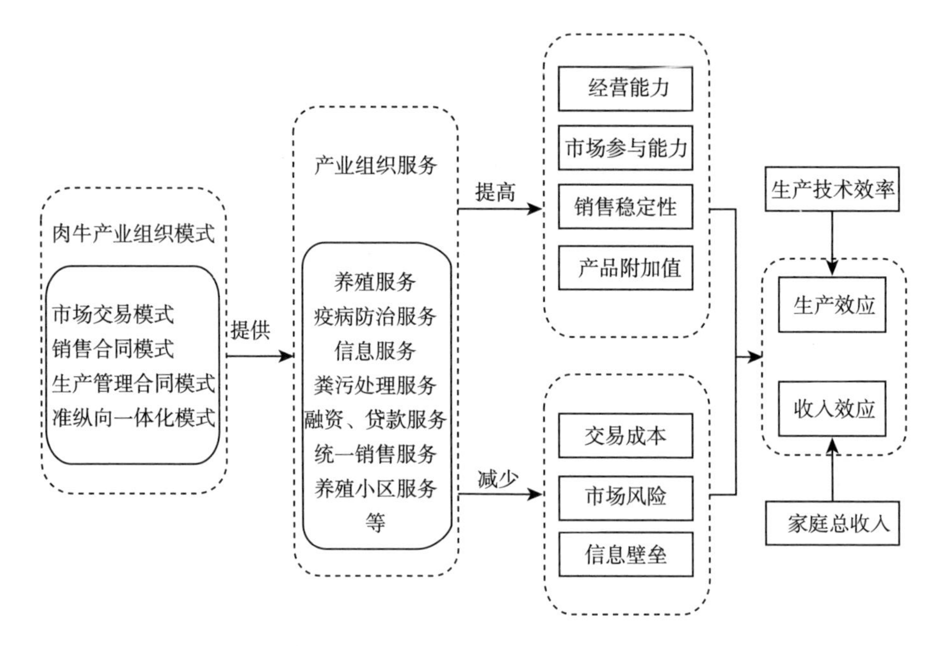

图 2－6　养殖户肉牛产业组织模式选择效应的影响机制

2.3.4　理论分析框架

综上所述，本研究基于交易特性视角，首先运用交易费用理论，探讨不同交易特性的肉牛生产加工企业与其他经营主体的交易关系及其治理机制，进而对肉牛产业组织模式进行分类；然后，运用交易费用理论、农户行为理论，以养殖户的利益最大化和规避生产经营风险为假设前提，探讨交易特性对养殖户选择肉牛产业组织模式影响的内在机制；最后，运用产业组织理论，探讨养殖户肉牛产业组织模式选择效应的影响机制。基于以上分析，构建本研究“交易特性—模式选择—经济效应”理论分析框架，如图 2－7 所示。

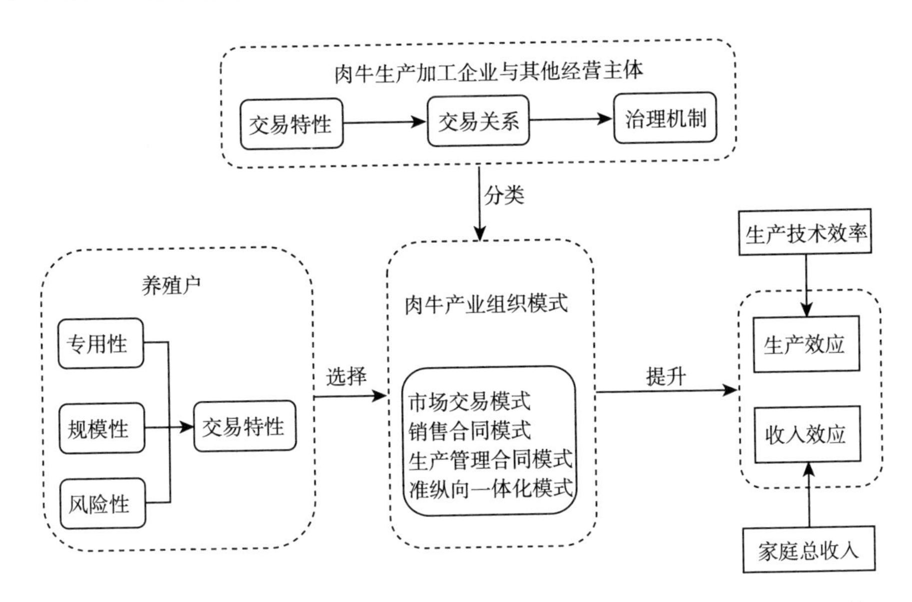

图 2-7　基于交易特性视角养殖户肉牛产业组织模式选择及其效应的影响机制

2.4　本章小结

本章首先界定了肉牛产业组织模式、肉牛产业主体行为、交易特性、养殖户肉牛产业组织模式选择的效应等核心概念的内涵与外延，明确了本研究的研究对象。其次，在产业组织理论、交易费用理论和农户行为理论等理论体系分析的基础上，从交易特性视角考察肉牛产业组织模式的交易关系与治理机制、交易特性对养殖户肉牛产业组织模式选择的影响因素及作用机制、养殖户肉牛产业组织模式选择的效应这 3 个方面，构建了“交易特性—模式选择—经济效应”的理论逻辑分析框架，为后续研究奠定理论基础。

第 3 章　调研方案设计与样本描述性统计分析

本章梳理了国内和样本区域的肉牛产业发展现状，描述了样本养殖户的情况，并构建了交易特性指标体系。首先，介绍了我国肉牛生产情况、牛肉价格情况、牛肉消费情况和牛肉贸易等基本情况，并且概述了东北优势区、中原优势区、西北优势区和西南优势区的生产情况；其次，阐述调研问卷设计和数据来源，并对样本肉牛养殖户的个体特征、家庭特征、经营特征以及肉牛产业组织模式选择行为进行描述性统计分析；最后，构建交易特性的指标体系，利用 11 个省份肉牛养殖户的微观调查数据，采用熵值法测算肉牛养殖户的交易特性，分析交易特性的原始表征指标特征以及交易特性水平，为后文探讨交易特性对养殖户肉牛产业组织模式选择的影响机制奠定基础。

3.1　肉牛产业发展概况

中国牛肉产量位居世界第三，且随着中国经济的快速发展，牛肉消费随着人均国内生产总值的增加而增加。随着城市化持续推进、中产阶级人口规模的增加以及健康膳食理念的普及，国内牛肉消费需求不断攀升。肉牛产业是农业农村经济发展的支柱产业，是实现资源综合利用与农业生产良性循环的重要抓手，能够促进农牧民增产增收致富，有助于居民消费结构转变，增强优质、安全动物蛋白供应的切实保障。

3.1.1　中国肉牛产业发展概况

(1) 肉牛生产概况

①我国牛肉的总产量概况。在牛肉供给方面，我国出台了一些促进肉牛

产业发展的补贴政策，再加上牛肉价格较高，调动了一些合作社和家庭农场养殖肉牛的积极性，使国内牛肉产量整体上趋于上升，但上升幅度不大。近10年，我国牛肉产量呈现波动上升的趋势，但上升幅度不大。从表3-1可以看出，2016年以前，我国牛肉产量增长非常缓慢，2016年为616.9万吨，比2011年的610.7万吨仅增长了6.2万吨；2016年以后，我国牛肉产量增长加快，2019年达到历史新高为667.4万吨，比2011年增长了56.7万吨。2020年以后国内牛肉产量增速放缓主要由于农村农业机械比例持续提高，役牛存栏下降，役牛提供牛肉数量显著下降，而国内肉牛养殖发展缓慢导致。肉牛养殖周期长，不确定性大，缺乏充足草料，以及牛犊成本高，这些均影响我国肉牛产业发展。从2011到2022年中国牛肉产量仅由610.7万吨增加到712.5万吨，年均增长率高于世界的平均增长率。但是，2011—2022年我国牛肉产量上涨了101.8万吨，平均年增长量9.25万吨，与年均上涨33.6万吨的牛肉消费量相比，我国牛肉产量增长速度小于消费增长速度，使得牛肉供给与需求的缺口不断拉大。在牛肉刚性需求与市场供给不足的矛盾突出的现实背景下，不得不通过加大肉牛进口填补国内牛肉供求缺口。

表3-1　2011—2022年中国及世界牛肉产销情况

年份	世界			中国		
	总产量（万吨）	总进口量（万吨）	人均消费量（千克/人）	总产量（万吨）	总进口量（万吨）	人均消费量（千克/人）
2011	5 644.7	586.1	7.9	610.7	2.7	4.5
2012	5 665.6	610.0	7.8	615.4	9.2	4.5
2013	5 757.5	673.5	7.8	613.5	37.8	4.7
2014	5 763.4	720.6	7.7	616.3	37.0	4.7
2015	5 753.1	705.5	7.7	617.0	61.3	4.8
2016	5 516.0	743.8	7.3	616.9	76.1	4.9
2017	6 162.4	761.3	7.3	635.2	90.2	5.1
2018	6 287.8	838.0	7.4	644.1	120.0	5.5
2019	6 130.6	928.7	7.5	667.4	240.0	6.2
2020	6 043.1	914.0	7.4	678.0	275.0	6.3
2021	5 778.7	991.0	7.3	683.0	300.0	6.8
2022	5 937.2	991.2	7.2	712.5	314.0	6.9

资料来源：FAO（联合国粮食及农业组织）统计数据。

②我国肉牛存栏量概况。从表 3－2 可以看出，肉牛的存栏量由 2015 年的 6 202.90 万头上升到 2022 年的 8 329.56 万头，基本处于波动递减到企稳并逐步回升的态势。我国肉牛出栏量持续上涨。国内市场日益增长的牛肉需求也加剧了我国肉牛产业的供需矛盾。2014 年中央财政拨款 9 亿元给予部分省份肉牛养殖户补贴以扶持我国肉牛产业的发展，虽然在部分地区取得了一定效果，在一定程度上缓解了肉牛存栏量下降的趋势，但对于降低高昂的养殖成本的作用效果并不大。肉牛补贴政策的出台在一定程度上提高了肉牛存栏量和养殖经济效益，促进了我国肉牛养殖行业的健康发展。

表 3－2　2015—2022 年我国肉牛存栏、出栏情况

年份	年末存栏量（万头）	出栏量（万头）	出栏率（%）
2015	6 202.90	4 211.44	67.89
2016	6 181.00	4 264.95	69.00
2017	6 617.90	4 340.30	65.58
2018	6 618.40	4 397.50	66.44
2019	6 998.00	4 534.00	64.79
2020	7 685.10	4 565.45	59.41
2021	8 004.40	4 707.00	58.81
2022	8 329.56	4 840.00	58.11

资料来源：历年《中国农村统计年鉴》。

③我国肉牛单产情况。如表 3－3 所示，2019—2021 年我国肉牛单产为 147.53 千克/头，我国肉牛单产比大多数国家单产都低，尤其是美国和日本肉牛单产远高于中国，例如 2019—2021 年：美国肉牛单产为 367.13 千克/头，是我国的 2.48 倍；日本肉牛单产为 450.00 千克/头，是我国的 3.05 倍。我国肉牛单产低的主要原因是肉牛品种差异和牧草资源差异。世界上主要肉牛生产国，如美国、巴西和阿根廷等国主要采取大牧场放牧形式，其养殖规模通常是中国的数倍甚至数十倍；其草场面积广阔，适合发展大规模肉牛养殖业，同时机械化程度相当高。日本肉牛单产高的主要原因是其生长周期较长，日本和牛一般超过 30 个月才出栏，而中国的肉牛出栏时间较短，一般是 24 个月出栏，导致我国肉牛单产低于上述主

要肉牛生产国。从图3-1世界主要国家肉牛单产变化情况来看，我国与其他主要生产国相比，中国肉牛单产增长率呈现波动变化趋势，并且单产整体低于其他国家。单产增长率变化情况：中国2008—2010年增长率达到新高度，增长势头十分明显，单产增长率达到0.085。2005—2019年，只有巴西、加拿大的单产增长较大，其他国家肉牛单产增长幅度不大。

表3-3　2005—2021年肉牛单产国际比较

国家	年份	单产（千克/头）	单产增长率	总产量（万吨）
中国	2005—2007	135.73	0.048	537.39
	2008—2010	142.07	0.085	563.38
	2011—2013	146.00	0.006	553.05
	2014—2016	146.03	−0.013	556.28
	2017—2019	146.50	0.001	582.60
	2019—2021	147.53	0.012	680.54
美国	2005—2007	332.97	0.008	1 144.44
	2008—2010	341.63	−0.012	1 198.04
	2011—2013	348.83	0.036	1 189.15
	2014—2016	371.50	−0.030	1 131.54
	2017—2019	361.93	−0.007	1 215.84
	2019—2021	367.13	0.028	1 250.23
日本	2005—2007	411.27	0.024	50.01
	2008—2010	421.27	0.006	51.73
	2011—2013	429.07	0.006	50.90
	2014—2016	436.77	0.018	48.18
	2017—2019	449.60	0.003	47.18
	2019—2021	450.00	0.000	47.54
巴西	2005—2007	218.83	0.009	897.17
	2008—2010	226.97	0.036	902.17
	2011—2013	231.67	0.007	933.73
	2014—2016	244.47	0.025	947.73
	2017—2019	310.93	0.016	988.33
	2019—2021	334.73	0.119	997.50

（续）

国家	年份	单产（千克/头）	单产增长率	总产量（万吨）
阿根廷	2005—2007	220.47	−0.019	312.94
	2008—2010	215.13	0.036	304.68
	2011—2013	226.87	−0.028	263.88
	2014—2016	223.63	0.021	268.17
	2017—2019	226.20	−0.001	301.55
	2019—2021	227.10	0.020	309.53
澳大利亚	2005—2007	245.90	−0.013	214.92
	2008—2010	251.60	0.041	212.44
	2011—2013	266.33	−0.026	221.34
	2014—2016	262.97	0.004	252.43
	2017—2019	277.23	−0.030	221.94
	2019—2021	278.27	0.080	221.87

资料来源：根据 FAO 相关数据计算整理。

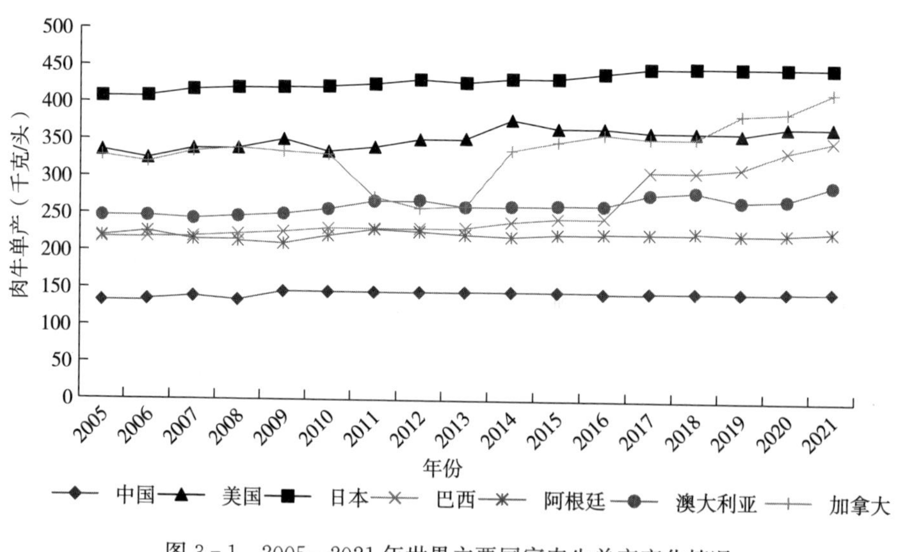

图 3-1　2005—2021 年世界主要国家肉牛单产变化情况

资料来源：FAO 统计数据。

④我国肉牛主要养殖企业及养殖品种。我国主要肉牛养殖企业集中于特大型城市周边及传统牧区附近，具有较强的地域性分布特征。其中行业前十

的肉牛养殖企业的存栏量仅占全国总存栏量的1%，产业集中程度远低于发达国家、资源共享和资源要素在肉牛产业间的循环利用程度低，缺乏特大型牧业集团，同质化竞争激烈。从表3-4可知，2020年我国较大规模的肉牛养殖企业集中于西北优势产区、西南优势产区和东北优势产区，在这些专业化牧场中，养殖的主要品种包括西门塔尔牛、安格斯牛、和牛、褐牛和黄牛等。其中，安格斯牛和西门塔尔牛在我国各地区均有养殖，由于肉用性能好、适应性强、胴体品质高，是主要的饲养品种，存栏量较大。地方黄牛由于价格便宜、抗病力强和农耕价值高，也有少量饲养。规模化饲养的肉牛品种还是以国外大体型牛为主，地方牛种为辅。由于西南优势产区平原较少，所以当地牧场的经营特点为小牧场、大存栏，多以区域内集中牧场群的形式呈现。新疆、内蒙古、青海和西藏牧区地广人稀，多以大型分散式牧场为主。

表3-4　中国主要肉牛养殖企业及育种品种

公司名称	品牌	说明	存栏量（万头）	品种
重庆恒都农业集团有限公司	恒都	养殖基地规模大、屠宰加工能力强	4	西门塔尔牛、安格斯牛
吉林省长春皓月清真肉业股份有限公司	皓月	以肉牛屠宰深加工为主导产业的民营股份制企业，首批国家级农业产业化重点龙头企业	1.5	安格斯牛、黄牛、西门塔尔牛
河南伊赛牛肉股份有限公司	伊赛	专业从事肉牛养殖、饲料生产、屠宰分割、食品加工、连锁专卖和供应链服务于一体的全产业链现代化清真食品集团	2	西门塔尔牛
新疆佳雨工贸（集团）有限公司	佳雨	公司现有悬挂式牛羊屠宰分割生产线，具备每年5万头牛的屠宰、精分割的加工能力	3	安格斯牛
内蒙古大力神食品有限责任公司	大力神	是以养殖、屠宰、食品加工、餐饮为主的农牧业生产加工企业	1.5	西门塔尔牛
甘肃农垦天牧乳业有限公司	天牧	是集养殖、加工销售于一体的农业龙头企业，主要产品为牛肉和牛奶食品	1.1	安格斯牛、荷斯坦牛、西门塔尔牛

（续）

公司名称	品牌	说明	存栏量（万头）	品种
沈阳绿丰食品有限公司	绿丰	东北地区一家大型集养殖、屠宰、加工、销售于一体的现代化牛羊肉生产企业	2	鲁西黄牛、西门塔尔牛
河北福成五丰食品股份有限公司	福成五丰	集肉类制品，速食品、乳制品，餐饮连锁，肉牛养殖，肉牛屠宰加工于一体	1.3	西门塔尔牛
北京顺鑫鑫源食品集团有限公司	顺鑫	集肉牛养殖、屠宰、销售于一体的企业	2	安格斯牛

资料来源：根据布瑞克数据库整理。

(2) 牛肉价格概况

①我国牛肉集贸市场价格。牛肉价格不稳定的波动，对消费者和生产者均有较大冲击，在国内牛肉价格异常波动风险保障机制不健全的情况下，养殖户也需要承担较高的养殖成本与风险，进而影响到肉牛产业的高质量发展。牛肉市场价格走势反映了一定时期内，肉牛养殖户出售牛肉的价格水平和变化幅度。根据《中国农产品价格调查年鉴》数据统计整理，从图 3-2 牛肉市场价格变化趋势可以看出，近 10 多年，我国牛肉价格呈现先快速上升再缓慢上涨的变化态势。其中，2010—2013 年，我国牛肉价格大幅上升，从 2010 年的 33.17 元/千克变为 2013 年的 57.51 元/千克，上涨 73.38%，远高于同期其他肉制品上涨幅度。2014 年之后趋于平缓，2014—2018 年牛肉价格变化幅度不大，基本处于 62 元/千克左右，波动较为平稳，在个别年份（2016 年）甚至出现了小幅下降。2020 年受到新冠疫情的影响，国际农产品物流受阻，国外牛肉进口量收窄，在供不应求的情况下牛肉价格继续上升，达到 82.90 元/千克。可见，自 2014 年以来，我国牛肉价格一直处在相对高位运行的状态，政府仍需出台相关政策扭转其涨势，保障国内肉牛产业安全，实现持续健康发展。

②我国肉牛生产成本的国际化比较。从表 3-5 中国、美国和日本肉牛生产成本来看，我国肉牛生产的单位产量总成本远高于美国，2020 年，

我国肉牛生产的单位产量总成本为 73.03 元/千克，而美国肉牛的单位产量总成本为 26.05 元/千克，我国肉牛生产成本比美国多 46.98 元/千克。与日本相比，我国肉牛生产的单位产量总成本比日本低，2020 年日本肉牛单位产量总成本为 98.05 元/千克，日本肉牛生产成本比我国高 25.02 元/千克。日本肉牛生产成本较高的主要原因是日本肉牛的生长周期较长，日本和牛一般超过 30 个月才出栏，而中国和美国的肉牛，一般是 24 个月出栏。从成本变化趋势来看，2011—2020 年，我国肉牛单位产量总成本呈现快速增长的趋势，由 2011 年的 33.17 元/千克增长到 2020 年的 73.03 元/千克，10 年间我国肉牛单位产量总成本共增加了 39.86 元/千克；而美国肉牛单位产量总成本增长缓慢，由 2011 年的 22.41 元/千克增长到 2020 的 26.05 元/千克，10 年间仅仅增加了 3.64 元/千克。日本肉牛单位产量总成本呈现波动上升的趋势，2014—2016 年出现了成本下降的情况，经分析成本降低的原因主要是 2014—2016 年，日元对人民币汇率下降导致。但 2011—2020 年，日本肉牛单位产量总成本上升幅度不大，由 2011 年的 82.25 元/千克上升到 2020 的 98.05 元/千克，10 年间增加了 15.80 元/千克。总之，与美国相比，我国肉牛产业生产的成本高，而且成本的增长速度快，需要进行深入分析，采取多种措施来降低我国肉牛的生产成本。

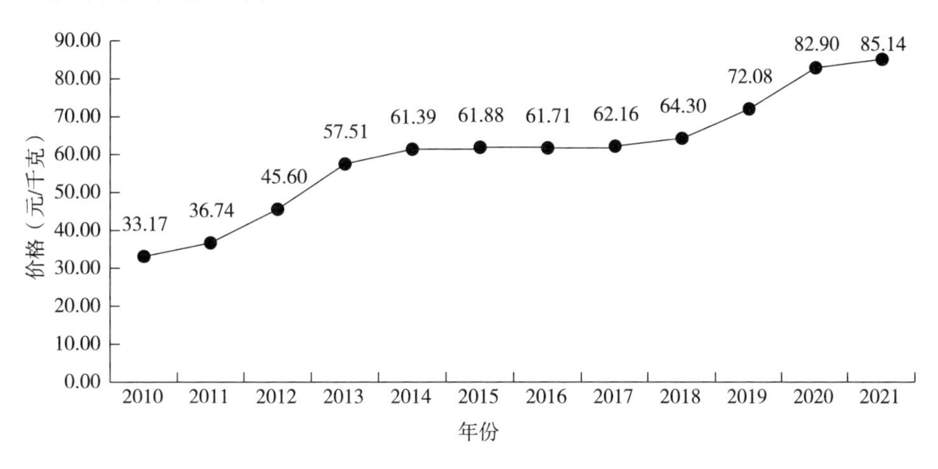

图 3-2　2010—2021 年我国牛肉集贸市场价格变化趋势

资料来源：历年《中国农产品价格调查年鉴》。

表 3-5　2011—2020 年肉牛生产成本国际比较

年份	中国（元/千克）	美国（元/千克）	日本（元/千克）
2011	33.17	22.41	82.25
2012	36.74	23.28	85.91
2013	45.60	23.61	81.98
2014	63.69	23.60	60.85
2015	61.53	22.26	60.81
2016	61.12	23.19	65.15
2017	60.08	24.07	79.94
2018	60.24	24.27	86.41
2019	63.57	25.06	99.29
2020	73.03	26.05	98.05

资料来源：中国数据来源于历年《全国农产品成本收益资料汇编》，美国数据来源于美国农业部，日本数据来源于日本农林水产省。

中国肉牛单位产量总成本高于其他肉牛主要生产国的原因，除了是我国肉牛生产的劳动力成本比较高以外，可能与我国肉牛的胴体重、净肉率也有一定关系。从表 3-6 中发现，我国西门塔尔牛胴体重仅为 272 千克，而美国、澳大利亚西门塔尔牛胴体重分别为 349.3 千克和 348 千克，比我国肉牛多将近 80 千克；日本肉牛的胴体重最大，为 400 千克左右，比我国肉牛多 100 多千克。从净肉率来看，我国肉牛净肉率最小，为 45%左右；日本肉牛净肉率最大，为 74%～76%。就西门塔尔牛来看，我国西门塔尔牛净肉率为 46%，而美国、澳大利亚西门塔尔牛净肉率均达到了 48%；就安格斯牛来看，我国安格斯牛净肉率为 44.51%，而美国、澳大利亚安格斯牛净肉率均在 47%以上。由上述分析可见，我国肉牛的胴体重、净肉率比美国、澳大利亚、日本都低。这在一定程度上说明，我国肉牛单位产量总成本比较高，与我国肉牛的胴体重、净肉率比较低有较大关系。应加强肉牛育种和技术研发，进一步提高我国肉牛的胴体重和净肉率。

表3-6　肉牛胴体重与净肉率的国际比较

指标	中国（以杂交牛为例）		美国		澳大利亚		日本
	西门塔尔牛	安格斯牛	西门塔尔牛	安格斯牛	西门塔尔牛	安格斯牛	和牛等
胴体重（千克）	272	261	349.3	280	348	295.34	380～420
净肉率（%）	46	44.51	48	48～50	48	47～50	74～76

资料来源：http：//www.angus.org/Nce/Carcass.aspx.

我国牛肉价格不断上涨的原因主要有以下几点：第一，城市化进程的加快推动了城乡居民收入水平的提高和膳食结构的转变，非牧区居民牛肉消费数量增加，在需求端助推了牛肉价格的上涨。第二，肉牛综合养殖成本上涨，从供给端带动了牛肉价格上涨，肉牛养殖的比较利润下降。表3-7选取了2010—2021年全国散养肉牛成本的平均水平和4个主要养殖区域中比较有代表性的河北、黑龙江、河南、陕西、宁夏及新疆等6个省（自治区）的散养肉牛成本变化情况进行观察。由表3-7可以看出，我国肉牛养殖成本（全国平均水平）已经由2010年的4 983.38元/头上涨为2021年的13 779.30元/头，成本增加8 815.92元/头，成本增加一倍多。尽管从2013年开始全国平均水平和观察的部分省（自治区）有了不同幅度的下降，但总体仍呈上升趋势。处于中原肉牛区的河北省养殖肉牛的成本从2010年的6 129.08元/头上升到2021年的16 293.83元/头，上涨了10 164.75元/头，增长率为165.84%。位于西北肉牛区的陕西和宁夏的成本相比其他区域变动幅度较小。另外，河北、黑龙江和新疆等地区的养殖成本几乎高于全国平均水平，而河南、陕西以及宁夏等地区的养殖成本与全国水平相比较低。第三，在新冠疫情的持续冲击下，牛肉生产、消费、市场流通和储备都受到不同程度的影响，国际农产品贸易也曾一度中断，间接推高了牛肉价格。第四，肉牛生产能力提升不明显，良种化水平偏低。在农业生产风险性和波动性增大的情况下，预期收益的下降阻碍了潜在投资者对肉牛产业的投资或压缩投资规模。肉牛繁殖和生产都主要依赖各地方品种，良种率低、产肉率低，也在一定程度上降低了牛肉的供给，导致了牛肉价格的上升。

表 3-7　2010—2021 年我国散养肉牛成本

单位：元/头

年份	全国	河北	黑龙江	河南	陕西	宁夏	新疆
2010	4 983.38	6 129.08	6 551.93	4 424.01	4 600.91	3 563.98	4 630.33
2011	5 911.98	7 001.38	8 158.58	5 302.28	5 465.13	4 131.84	5 412.60
2012	7 450.87	7 920.77	9 814.74	6 207.02	7 033.56	5 839.09	7 890.12
2013	8 878.24	9 580.55	11 316.60	7 044.41	7 716.14	6 545.71	11 066.00
2014	8 601.79	10 694.20	10 654.50	7 479.53	7 788.11	6 253.28	8 741.27
2015	8 550.67	10 589.10	10 367.40	7 596.95	7 532.14	6 296.85	8 921.59
2016	8 429.34	10 191.90	10 108.70	7 475.13	7 634.00	6 154.34	9 011.73
2017	8 807.79	12 134.80	10 260.10	7 651.51	7 695.93	6 080.93	9 023.39
2018	9 313.17	13 504.90	10 807.30	7 905.91	7 783.32	6 426.37	9 451.20
2019	11 100.56	13 824.53	12 491.55	8 472.40	8 506.29	7 566.92	10 141.72
2020	12 641.35	16 184.61	14 948.07	9 608.80	10 055.96	7 949.27	10 748.09
2021	13 799.30	16 293.83	15 739.35	10 082.11	10 989.19	9 565.91	13 839.80

资料来源：历年《全国农产品成本收益资料汇编》。

（3）牛肉消费概况

从国内需求端来看，牛肉属优质畜产品。近年来，随着城乡居民收入水平提高，以及城镇化的不断拉动，我国牛肉消费量不断攀升。同时，近两年受到非洲猪瘟的影响，国内猪肉产量和市场供给明显供不应求，牛肉在国民肉类产品消费上，发挥了一定的替代作用，市场需求增加，以至于牛肉消费量增长加快。从国家统计局的统计数据整理可得，如图 3-3 牛肉消费量与产量变化趋势图所示，2011—2022 年，我国牛肉消费量增长较快，增长了 68.70%。而牛肉产量增长明显低于消费数量的增长，以至于牛肉的供求缺口逐渐拉大，供求矛盾不断加剧。2011 年以后，我国牛肉消费量出现了快速增长的态势，尤其 2015—2019 年增幅较大。2022 年我国牛肉消费量为 1 024.5 万吨与产量 718.3 万吨的数据达到了历史新高，缺口为 306.2 万吨，由此可知我国牛肉供求缺口逐渐扩大。2015—2020 年，牛肉产量占肉类总产量的比重上升，2020 年肉类总产量为 7 629 万吨，其中 8.81%为牛肉，牛肉占比提升。主要由于 2018 年 8 月暴发的非洲猪瘟重创生猪养殖业，猪肉产量暴跌至 4 250 万吨，牛肉产量稳步增加。随着我国经济不断发展和人们营养膳食的改善，我国牛肉消费量增长势头依然强劲，预计未来我国牛肉消费量还会持续上涨。

按照国家统计局的统计数据，2001年，我国人均年牛肉消费量仅为1.9千克，而2022年我国人均年牛肉消费量为6.9千克，增长2.63倍。由于统计口径的原因，未将外出消费的牛肉及制成品算入其中，牛肉消费仍潜在较大增长空间，特别是外部就餐和牛肉加工商品需求增长潜力大。但当前我国人均牛肉消费量还低于世界平均水平并远低于其他少数几个发达国家。2022年，中国的人均年牛肉消费量为6.9千克，低于世界人均牛肉消费量7.2千克，比阿根廷、美国、巴西、澳大利亚等国低10千克以上。我国人均年牛肉消费量要达到世界平均水平，需要约增加0.3千克，中国人口按照14亿来计算，我国牛肉消费量就要增加42万吨，而如果按照2022年我国牛肉产量不变计算，我国牛肉的供求缺口将达到348.2万吨。

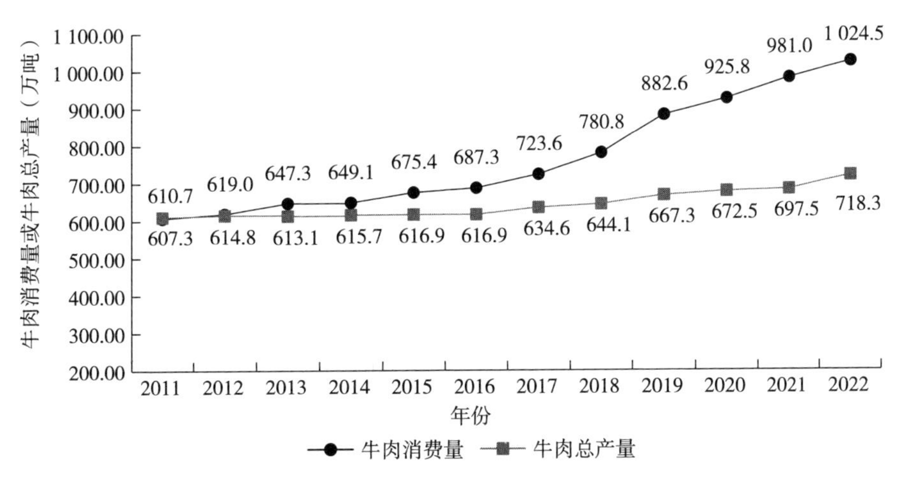

图3-3　2011—2022年我国牛肉消费量与产量变化趋势

资料来源：国家统计局数据整理。

从我国牛肉消费特点及肉牛未来发展趋势来看，现阶段我国牛肉消费呈现3大特点：国内牛肉消费潜力巨大；牛肉消费呈现区域性特点；牛肉品牌地域性相对分明。从消费总量看，中国牛肉消费需求总量处于世界前列且连年上升。但人均牛肉消费量仍处于世界较低水平，未来五年我国牛肉消费量有望达到8千克/（人·年），年消费总量在1 100万～1 200万吨。从消费区域来看，由于食物消费的差异，可分为农区与牧区、东部和西部、南方和北方。作为牧区省份的内蒙古、新疆、西藏、青海、甘肃人均牛肉消费量高出农区省份 2～3 倍。受到气候和风俗习惯的影响，北方人均牛肉消费量总体高于南方。从牛肉消费类型来看，参考布瑞克数据库的肉牛产业分析简报发现，我国牛肉消费类型主要分为 3 种，分别是牛肉家庭消费、牛肉户外消费和牛肉加工消费，其中牛肉家庭消费数量由于价格远高于猪肉和禽肉的价格和饮食习惯等原因，远小于猪肉和禽肉的数量，牛肉户外消费以中高端牛肉为主，包括牛排、牛仔骨、火锅肥牛和烧烤等。根据目前国内牛肉市场供需现状，肉牛行业转型势在必行，肉牛产业现代化、养殖规模化、肉牛产业高质量发展的生态化、地方种质资源商业化将成为趋势。

（4）牛肉贸易概况

从牛肉进口情况来看，我国牛肉进口量增长较快，由 2011 年的 2.01 万吨增加到 2021 年的 230.05 万吨，10 年增长 200 多万吨（图 3－4）。近年来，由于我国牛肉自给率明显不足，产需矛盾继续加深，为有效解决牛肉供需矛盾，满足市场需求，我国大量从国际农产品市场上进口牛肉，自 2019 年起中国已成为世界上最大牛肉进口国。从图 3－4 可以看出，2011—2021 年我国牛肉进口总量不断增长。2011—2017 年，我国牛肉进口增长了 67.5 万吨，年均增长 11.25 万吨；而 2017—2021 年，我国牛肉进口增长幅度加大，由 2017 年的 69.51 万吨增加到 2021 年的 230.05 万吨，其中，2019 年的增幅较大，且增加数量多，较上一年上涨 59.66％，2021 年则增幅减少至 8.51％。可以看出，随着牛肉需求的不断攀升，我国牛肉进口量也快速增加，并不断创造历史新高。

根据布瑞克数据库中牛肉进口数据，我国冷鲜带骨牛肉进口来源国主要是澳大利亚、美国和新西兰，其中澳大利亚冷鲜带骨牛肉进口量为 528.11 吨，占全国冷鲜带骨牛肉进口总量的接近八成，排名第二的是美国占比 19.10％，第三名新西兰冷鲜带骨进口量仅为 15.22 吨，占比不足 2％。在冷冻牛肉进口中，巴西是我国冷冻牛肉进口的第一大来源国，2020 年从巴西净进口冷冻牛肉达 75.27 万吨，占全国冷冻牛肉进口总量的 40.63％；其次为阿根廷，2020 年从阿根廷的进口量为 41.61 万吨，占比达 22.46％；仅从巴西和阿根廷进口的就占全国冷冻牛肉进口总量的 63.09％。从乌拉圭和

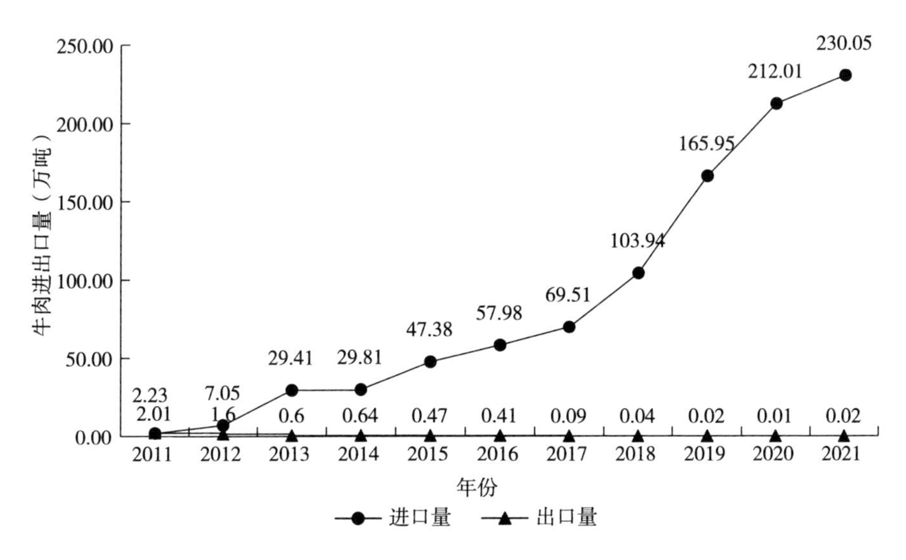

图 3-4 2011—2021 年中国牛肉进出口数量变化

资料来源：FAO 统计数据。

澳大利亚进口的冷冻牛肉量相差无几，分别为 19.53 万吨和 16.76 万吨，分别占进口总量的 10.54%和 9.05%。而从新西兰进口的冷冻牛肉量为 13.27 万吨，居于冷冻牛肉进口来源国的第五位。来自其他国家的冷冻牛肉占比均不足 2%。可以发现，我国冷鲜带骨和冷冻牛肉进口集中来源于美国、澳大利亚、巴西、新西兰和阿根廷等主要畜牧业国家，且以高品质牛排和精品肉为主。

从牛肉出口情况来看，我国牛肉出口长期处于低位运行态势，出口数量很少，多数年份都在 1 万吨以下，而且 2016 年以来，我国牛肉出口量波动下降，严重影响了我国肉牛产业的国际竞争力，不足国际牛肉贸易量的 1%。从我国牛肉的出口结构来看，冷鲜、冷冻牛肉和牛肉制品的出口量居多，占总量的近八成。从出口目的地来看，我国牛肉主要出口到吉尔吉斯斯坦、朝鲜和阿拉伯国家，出口目的地很少。因此，海外牛肉市场有待进一步扩展，应充分利用自身的相对优势，将国内的中低档牛肉利用价格比较优势出口到其他地区，实现农业外汇创收。

（5）肉牛产业组织形态与模式发展概况

①肉牛产业组织形态概况。目前我国现代肉牛产业组织主要包括肉牛生

产加工企业与公司组织、肉牛专业合作组织、养殖户家庭经营组织，并通过与养殖户的某种联结机制，形成不同类型的产业组织模式。2022 年年底，我国有 310.5 万家农业相关企业，其中上市农林牧渔企业共有 55 家。根据资产总额、固定资产、销售收入和与农户联系的广泛性等差异，农业龙头企业可分为 3 个等级，即国家级农业龙头企业、省级农业龙头企业和市级农业龙头企业。根据主营项目，可将龙头企业分为加工型龙头企业、销售型龙头企业、流通型龙头企业等。肉牛生产加工企业与养殖户存在着多种业务关系：第一种类型，养殖户通过现货和随机交易将肉牛销售给肉牛生产加工企业；第二种类型，肉牛生产加工企业和养殖户间实施订单农业；第三种类型，养殖户为肉牛生产加工企业打工，并获得固定的租金和工资收入。但是，养殖户与肉牛生产加工企业的关系存在着协调上的脆弱性和养殖户获取附加值困难等诸多弱点。当存在更高收益或其他选择时，肉牛生产加工企业或养殖户有时会采取机会主义行为，从而导致违约；并且在多数情况下，养殖户是价格接受者。

在过去十年里，我国农民专业合作社快速发展。在肉牛产业化经营过程中，肉牛专业合作社在实践中有效地降低了生产成本，提高了养殖户的组织化程度。政府提供了各项支持以促进合作社的发展，包括提供关于生产技术和管理才能的培训，并给予大量补贴等政策支持。根据经营规模、产品质量、品牌建设和进入市场能力等方面的良好表现，政府进行排名和奖励，评选国家级、省级和市级示范性合作社。虽然，合作社在肉牛生产加工企业和养殖户之间建立联系并发挥纽带作用，发挥着规范养殖户生产经营、缩小生产服务差距、提升养殖户市场竞争力、降低市场交易费用等作用，但仍面临着管理不规范、规模小、市场竞争力弱、增加值低、合作社异化等方面的挑战。

2013 年中央 1 号文件提出农业补贴要向专业大户、家庭农场、农民合作社等新型生产经营主体倾斜。这是“家庭农场”概念首次出现在中央 1 号文件中。中国城市化水平的不断提升和农村老龄化，农业劳动者不断减少，为发展适度规模家庭农场提供了客观条件。截至 2021 年，家庭农场已经达到 390 万家。家庭农场逐渐成为灵活高效实现种养系统一体化的重要经营主体，其发展优势在于通过构建农牧结合的经营结构，将农牧结合转化为家庭农场内部的制度安排。然而，家庭农场在规模经济、信息获取和市场进入等方面仍存在不足，导致其在市场中处于劣势。同时，家庭农场在提升产品质量、增加产品附加值等方面也存在一定困难。另外，家庭农场的异化也需要引起重视，容易导致政府支持的错位、损害真正的家庭农场利益。

②肉牛产业组织模式发展概况。肉牛产业链包含诸多产业环节，是集生产资料供应、饲养、屠宰、加工、储运、销售等环节的有机整体，通过产业链上相关利益主体的分工协作，实现价值创造与传递的广度与深度的拓展，同时缩短价值获取的中间过程，最终实现肉牛产业组织模式创新。传统肉牛产业组织模式主要包括“公司（龙头企业）＋养殖户”“公司（龙头企业）＋合作社＋养殖户”“公司（龙头企业）＋基地＋养殖户”“公司（龙头企业）＋家庭农场”。其中，“公司（龙头企业）＋养殖户”是最初形成的肉牛产业组织模式，目的是依托公司的带动作用，解决肉牛交易问题。但公司与小农户签订的契约数量太多，导致交易成本高、信息不对称、监督成本高等，双方违约现象严重。随着农民专业合作社的大力发展，“公司（龙头企业）＋合作社＋养殖户”逐步成为现代肉牛产业经营的一种重要模式。通过引入合作社这一联结纽带，不仅保障了公司对交易产品的数量、质量、交货期的要求，也为养殖户参与现代农业生产经营提供了技术、市场、资金支撑，双方的经营利益都得以增进。另外，有些龙头企业为提高养殖户生产经营的标准化、规范化程度，通过“反租倒包”、贷款担保等途径建立肉牛养殖基地，形成“公司（龙头企业）＋基地＋养殖户”模式。同时，为有效减少“敲竹杠”造成的损失，提高肉牛养殖环节的标准化程度，龙头企业租赁养殖户土地并雇佣其进行生产管理，从而形成“公司（龙头企业）＋租赁雇佣型农场”模式。为减少偷懒等问题，有些龙头企业允许合作养殖户以土地、劳动力、资金等生产资料入股，实行股份合作制，从而形成“股份合作制企业＋农场”模式。新型经营主体和服务主体通过纵向合作、横向合作，以及横向融合与纵向延伸，初步形成分工协作、优势互补的新型肉牛产业经营体系。传统肉牛产业组织模式逐步向“公司（龙头企业）＋家庭农场”、“自办型企业＋自办型合作社＋养殖户”、“股份合作制企业＋家庭农场”、“自办型企业＋家庭农场”以及农业产业化联合体等新兴肉牛产业组织模式转变。

3.1.2 样本区域肉牛产业发展概况

我国肉牛产业分布较广，但由于产业发展基础、自然环境、地理区位优势、补贴政策等原因，肉牛产业存在布局分布不均、产业链条发展不平衡和产业集聚程度两极分化的现象。1980 年以前受食物消费习惯和自然条件的影响，我国肉牛的养殖区域主要集中在新疆、内蒙古、青海、西藏等少数民族游牧区域，占全国总存栏量的一半以上。随着改革开放的实行，经济发展加快，居民收入增加，生活水平显著提高，牛肉消费大幅提升，在市场经济的引导下，逐渐从牧区向半农半牧区和农业区域过渡，并逐渐形成了四大具有比较优势的肉牛生产优势区域，分别是东北优势产区、中原优势产区、西北优势产区和西南优势产区。根据调研区域的实际情况，本研究选取东北优势产区的吉林省、黑龙江省和内蒙古自治区，中原优势产区的河北省、山东省、湖南省，西北优势产区的青海省、甘肃省和陕西省，西南优势产区的四川省和重庆市作为样本区域进行研究（图 3－5）。

（1）东北优势产区

黑龙江省是我国重点牧区省份之一，具有发展肉牛产业的地理位置优势、农副产品饲料资源优势、生态环境优势明显。2020 年肉牛存栏量 402.5 万头、出栏 281 万头，居全国第 8 位，牛肉产量 46 万吨，居全国第 4 位，占全国牛肉总产量的 6.82％。黑龙江 80％的肉牛主要集中在哈尔滨、齐齐哈尔、大庆、绥化、牡丹江等地区。合作社、龙头企业等新型经营主体模式在黑龙江省已初步形成，促进了黑龙江省肉牛产业的壮大与发展。黑龙江省内有 3 家年屠宰 10 万～20 万头的现代化肉牛屠宰加工企业，分别是龙江元盛、肇东大庄园和宾西牛业。内蒙古自治区在全国畜牧业中占有重要地位，但内蒙古地区肉牛存栏量多年来持续减少的局面截至目前仍然没有明显的改观，已从 2015 年的 671 万头降至 2020 年的 538.3 万头，降幅为 19.78％。出栏量从 2015 年的 258.7 万头上升至 318.4 万头，全国占比进一步提高。内蒙古自治区内主要的产业组织模式包括全产业链发展模式、工业园区建设模式、“公司＋合作社＋农牧户”模式等。2020 年吉林省肉牛饲养量 524.2 万头，位居全国第 7 位，其中，存栏量 270.5 万头、出栏量 238.7 万头；牛肉产量 38.7 万吨。吉林省有肉牛标准化规模养殖场 3 155 家、产业龙头企业 18 家，初步建立了产业链相对完整的肉牛产业化集群。肉牛及其产品外销数量不断增长，皓月集团产品辐射华东、华南、华中地区，远销科威特、阿联酋、俄罗斯等 21 个国家和地区，出口量连续多年占全国 50%份额；“皓月”、“天一岗山”和“桦牛”等省内牛肉知名品牌相继进入北京、上海、广东、大连等地的中高端市场。

(2) 中原优势产区

2020 年山东省肉牛存栏量 192.23 万头、出栏量 275.7 万头，分别比 2019 年减少 23%和 20.3%；牛肉产量分别为 59.7 万吨，比 2019 年减少 18.6%，肉牛年屠宰能力达 260 万头，规模化养殖水平达 53%，比全国平均水平高 10 个百分点。经过多年发展，山东省逐渐形成“一带两区”肉牛产业优势聚集区。“一带”指沿黄肉牛肉羊优势带，主要包括济南、淄博、东营、济宁、泰安、德州、聊城、滨州和菏泽 9 市。该区域是山东省优良地方肉牛品种鲁西牛、渤海黑牛主产区，该区肉牛存栏量与出栏量分别占山东省的 80%和 73%以上，牛肉产量占山东省 78%以上，产业标准化、规模化、集约化水平较高。“两区”是指涵盖枣庄、日照和临沂 3 市的鲁中南肉牛产业区及包括青岛、烟台、潍坊和威海 4 市的胶东半岛肉牛产业区。现阶段山东省肉牛生产存在的问题：散养户的规模较小，资金较少；受养殖用地手续问题限制，扩大生产规模较为困难；规模化养殖场的发展较快；因母牛养殖技术问题，主要以育肥饲养为主；犊牛价格高，经济效益下滑。河北省邻近京津，牛肉消费需求巨大，2020 年河北省肉牛存栏量 222.5 万头、出栏量 125.2 万头、产肉量 13.1 万吨。2007 年至 2020 年，年出栏牛 9 头以下的养殖（场）户减少了 604 085 家，降低了 63.62%；年出栏牛 50 头至 499 头的养殖（场）户增加了 1 165 家，增长了 1.45 倍；年出栏牛 500 头以上养殖（场）户增加了 62 家，增长了 10.33 倍。产业组织方面，形成了以河北福成五丰食品有限公司这一龙头企业为核心的全产业链带动型发展模式，以及唐山东旺肉牛养殖有限公司的“自养+委托养殖”发展模式。通过积极推行“龙头企业+合作组织+基地+养殖户”产业化经营模式，大力实施以河北省优良品种广丰黄牛为主的肉牛产业化经营开发，辐射带动广大养殖户从事肉牛养殖，从而实现了社会效益、生态效益和经济效益同步发展。2020 年湖南省肉牛存栏量 433.3 万头、肉牛出栏量 174.6 万头，牛肉产量

20.5万吨。湖南省利用资源优势，顺应发展特点，建立了一大批专业化养牛合作社，实行联盟化经营，取得了不错的效果。同时，湖南省加快建设现代畜禽种业体系，积极推动畜禽种业转型升级，提升畜禽产品供应安全保障能力。为实现这个目标，湖南省着力优化畜牧业发展布局，推进特色畜禽产业集群发展，其中重点发展湘西黄牛、湘中黑牛、湘南黄牛、湘北肉牛4个优势肉牛产业区。

(3) 西北优势产区

作为全国五大牧区之一的青海，具有得天独厚的自然环境，2020年青海省肉牛存栏量634.8万头，其中牦牛存栏量518万头、出栏量183.5万头，牦牛肉年总产量为17.3万吨。青海省牦牛养殖主要依靠天然草地放牧饲养，大多数地区冷季不进行补饲。自2008年青海省开展草地生态畜牧业建设和牦牛藏羊高效养殖技术推广工作以来，牦牛生产基础设施得到较大改善，项目带动作用逐渐显现，项目区及周边区域牦牛冷季补饲比例不断提高，牦牛营养水平和单产有了显著提高，牦牛养殖效益明显提升。产业组织模式依托牦牛养殖合作社，建立牧民与市场的有机连接，例如青海省天峻县新源镇梅陇村建立由所有牧户参与，所有牲畜、所有草地资源作价入股的合作社以来，通过资源整合，有效节省了部分劳动力，这些富余劳动力通过参加培训，顺利实现再就业，为家庭增收添加了新的增长点。甘肃省2020年肉牛存栏量450.3万头、出栏量214.8万头。在甘肃省夏河县的调研中发现，夏河县2020年年底牛存栏量15.10万头，其中牦牛10.21万头、犏牛4.30万头、黄牛0.59万头，出栏量10.50万头。调研还发现：牦牛养殖户面临的问题是存栏与草畜平衡及补饲草料缺乏的矛盾；犏牛养殖户面临的困难是缺乏优良种公牛，人工授精技术不熟练，杂交后代培育技术缺乏；黄牛养殖户面临的问题是饲料成本高，冬春季产犊发病率、死亡率高，缺乏精准饲喂养殖技术。陕西省畜牧业生产以习近平新时代中国特色社会主义思想为指导，紧紧围绕“保供给、优生态、促增收”的总目标，以调结构转方式、稳产提质增效为主线，推进畜禽标准化规模养殖，加强畜禽粪污资源化利用，畜禽结构继续优化，畜牧业生产平稳发展。2020年陕西省肉牛存栏量122.5万头，出栏量58.8万头，牛肉产量8.7万吨，并且养殖规模在50头以下的养殖户（场）占98%左右，说明陕西省的肉牛养殖主体仍以散养和小规模养殖户为主。

(4) 西南优势产区

2020年四川省肉牛存栏量547.8万头、出栏量296.4万头。本研究主要调研区域是四川省主要牦牛存栏养殖区域，甘孜州2020年牦牛存栏189万头、出栏50余万头，其中育肥牛出栏3万头左右；阿坝州存栏199万头、年出栏50余万头，其中育肥牛出栏5万～6万头。调研发现：这些地方养殖以放牧为主，主要进行母牛养殖，并且采用自繁自育的方式进行养殖；养殖规模为50～99头的养殖户（场）占50%左右，100～499头的养殖户（场）占40%左右；当地饲料生产加工企业较少，在半农半牧区有少量的青贮饲料生产企业，生产的饲草料依然满足不了牦牛越冬需求；牦牛养殖分散、销售价格较低；饮水主要是靠放牧阶段的天然水源，无粪污污染压力；在冬季集中暖棚保暖时，环境中存在灰尘较大的问题；运用比较多的设施设备是巷道圈和暖棚，数字化、现代化、专业化的管理软硬件投入较少；只在甘孜州部分地区有分阶段饲养，但技术尚不健全；牦牛育肥主要开展的是架子牛育肥，早期的饲养管理缺失严重，导致其生长周期较长。重庆市2020年肉牛存栏量88.6万头、出栏量55.5万头。在调研区域石柱示范县发现，受新冠疫情、国家生态环保政策的调整等因素影响，肉牛存栏53 161头，同比下降3.6%，出栏30 765头，同比增长0.01%，牛肉产量4 092吨，同比增长0.4%。该地养殖主体面临的共同困难主要是扩大规模难、资金流动不足、能繁母牛数量少、缺乏政府的激励和保护政策、土地受限、环保受限等问题。此外，规模养殖场的肉牛出栏屠宰不方便，本地生产的肉牛往往被拉到其他区县进行屠宰，给养殖户带来价格差异的损失。

从全国及样本区域2020年年末肉牛存栏量分布情况（图3-5）可知，排名前十的省份为云南省、青海省、四川省、内蒙古自治区、西藏自治区、贵州省、甘肃省、湖南省、新疆维吾尔自治区、黑龙江省，其中云南省肉牛存栏量最高，为810.4万头，全国占比10.55%。2020年11个样本省份的肉牛年末存栏量累计3 903.3万头，占比超过总存栏量一半，为50.79%。11个样本省份中有6个省份为全国肉牛存栏量前十省份，包括青海省、四川省、内蒙古自治区、甘肃省、湖南省和黑龙江省，由此说明选取的样本省份的肉牛产业发展相对较好，代表性强。

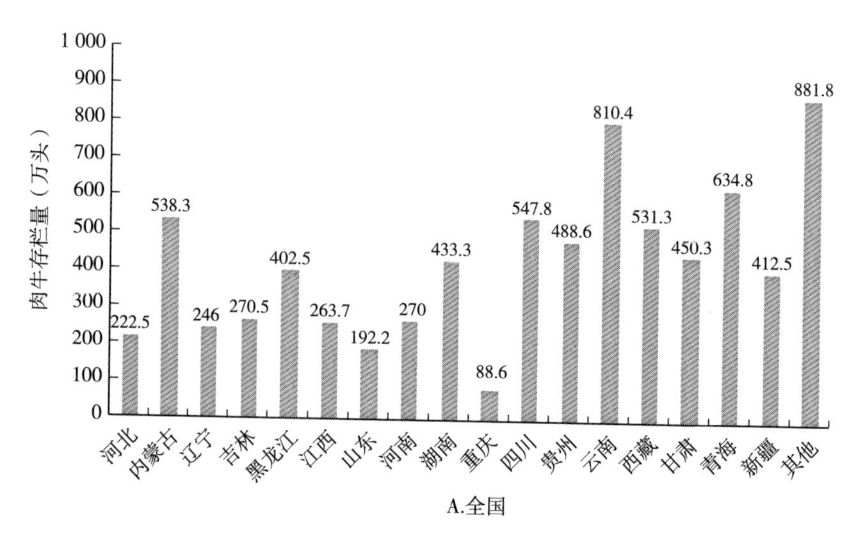

A.全国

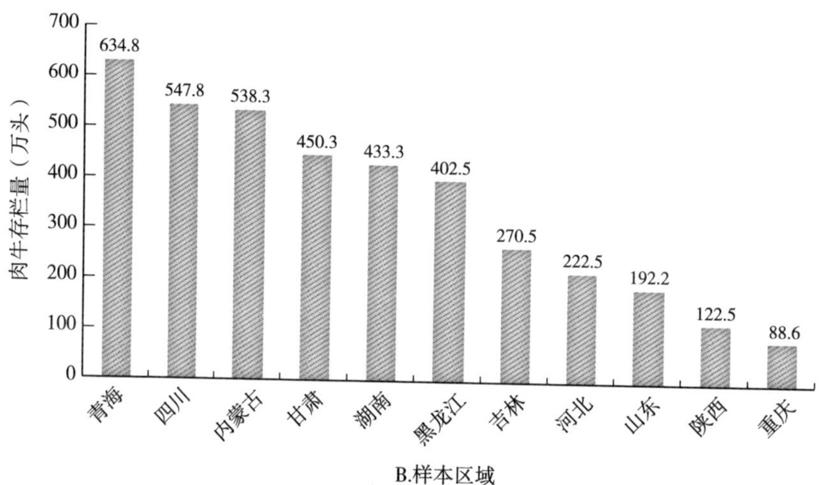

B.样本区域

图 3-5 2020 年全国及样本区域肉牛存栏量分布情况

资料来源：2021 年《中国畜牧兽医年鉴》。

3.2 调研方案设计

3.2.1 研究区域概况

肉牛产业现代化应走以散户和中小规模养殖户为主体的组织化道路，改善养殖户在交易活动中的弱势地位。加快推进肉牛产业组织模式创新，推动“公司+农户”由市场交易关系转型为纵向一体化分工合作关系，与养殖户建立稳定且紧密的利益联结机制，实现肉牛产业高质量和可持续发展。本研究以肉牛养殖户为研究对象，重点讨论肉牛产业组织模式的交易关系与治理机制，以及养殖户选择肉牛产业组织模式的影响因素及其作用机制，并分析肉牛产业组织模式对养殖户经济效应的影响，最终为肉牛产业组织模式的可持续发展提供对策建议。

基于前文分析，本研究主要参考了农业农村部印发的《“十四五”全国畜牧兽医行业发展规划》，选择东北优势区的吉林、黑龙江、内蒙古3省份，中原优势区的河北、山东、湖南3省，西北优势区的青海、甘肃、陕西3省，西南优势区的四川、重庆2省份，共11个省份作为调研区域。上述样本区域覆盖东北平原区、内蒙古高原区、华北平原区、山东丘陵区、湘中丘陵区、青藏高原区等不同地理环境下的农业生态系统，肉牛养殖自然条件的区域性差异导致养殖户交易特性和产业组织模式选择呈现不同特征，因而样本代表性较好。

3.2.2 问卷设计的主要内容

结合研究目标，借鉴已有的相关文献研究成果，并结合调查地点的实际情况，对各相关变量进行取舍，设计调查问卷。调查内容包括养殖户层面的基本信息、肉牛养殖经营情况、肉牛产业组织参与情况等方面；合作社层面的基本情况、养殖服务情况、当地社会发展情况；肉牛养殖或屠宰加工企业层面的基本情况、养殖服务情况、当地社会发展情况等方面。问卷详细情况见附录1～附录3。根据调查问卷收集肉牛养殖户的个体特征、家庭特征、经营特征、交易特性、肉牛产业组织参与情况等方面的相关特征信息。

3.2.3 数据来源

本研究数据来源于国家肉牛牦牛产业技术体系各综合实验站监测数据，以及课题组相关成员于2020年6月至2021年11月对黑龙江、吉林、内蒙古、河北、山东、湖南、青海、甘肃、陕西、四川、重庆11个省份的不同规模肉牛产业经营主体的微观调研数据。调查过程采用随机抽样的方法，由各综合实验站从所处地区随机抽取肉牛养殖户或肉牛规模养殖场场长，同时课题组成员随机进行实地走访和半结构访谈。访谈涉及的调查对象包括肉牛生产加工企业的主要负责人、技术人员，乡镇政府和村委会的有关人员，村合作社的主要负责人、经纪人，养殖户，等等。此次调研共获得肉牛养殖户560份问卷（每户仅调查1人），剔除部分因数据缺失而失效的问卷，得到有效问卷539份，问卷有效率为96.25%。调查样本覆盖区域如表3-8所示，东北优势区调研样本总数为165个，占总样本的30.61%；中原优势区调研样本总数为172个，占总样本的31.91%；西北优势区调研样本总数为132个，占总样本的24.49%；西南优势区调研样本总数为70个，占总样本的12.99%。

表3-8 样本区域分布

肉牛优势产区	省（自治区、直辖市）	样本数（个）	比例（%）
东北优势区	吉林	64	11.87
	黑龙江	63	11.69
	内蒙古	38	7.05
	合计	165	30.61
中原优势区	河北	43	7.98
	山东	78	14.47
	湖南	51	9.46
	合计	172	31.91
西北优势区	青海	50	9.28
	甘肃	42	7.79
	陕西	40	7.42
	合计	132	24.49
西南优势区	四川	44	8.16
	重庆	26	4.82
	合计	70	12.99

3.3 样本描述性统计分析

3.3.1 养殖户户主个体特征描述分析

为把握样本养殖户户主的个体特征分布情况，本研究对养殖户户主的性别、年龄、受教育程度、肉牛养殖年限、肉牛养殖原因等个体特征进行描述性统计分析（表3-9）。

表3-9　样本养殖户户主个体特征

统计指标	类别	样本量（户）	比例（%）	统计指标	类别	样本量（户）	比例（%）
性别	男	453	84.04	肉牛养殖年限	5年及以下	158	29.31
	女	86	15.96		6～10年	186	34.51
年龄	30岁及以下	8	1.48		11～20年	118	21.89
	31～40岁	95	17.63		21～30年	51	9.46
	41～50岁	203	37.66		31～40年	14	2.60
	51～60岁	190	35.25		40年以上	12	2.23
	60岁以上	43	7.98	肉牛养殖原因	家庭传统养殖	128	23.75
受教育程度	小学	125	23.19		跟风养殖	10	1.86
	初中	217	40.26		肉牛养殖效益好	246	45.64
	高中	143	26.53		政府引导	90	16.70
	大专或本科	50	9.28		合作社或龙头企业引导	65	12.06
	硕士及以上	4	0.74				

①性别。从样本肉牛养殖户的户主性别来看，539份问卷中，男性户主有453户，占总样本的84.04%，女性户主有86户，只占总样本的15.96%，这与我国农村实际情况相符，肉牛养殖的主要劳动力和决策者还是以男性为主。

②年龄。从样本肉牛养殖户的户主年龄来看，30岁及以下的养殖户最少，只有8户，仅占总样本的1.48%；31～40岁的养殖户有95户，占到总样本的17.63%；41～50岁的养殖户最多，共有203户，占比高达总样本的37.66%；51～60岁的养殖户相对较多，共有190户，占到总样本的35.25%；60岁以上的养殖户有43户，占到总样本的7.98%。接受调查的肉牛养殖户户主呈现出老龄化的趋势，51岁以上的中老年达到总样本的43.23%。

③受教育程度。从样本肉牛养殖户户主的学历分布情况来看，以小学、初中的文化水平为主，高达总样本的63.45%。小学文化水平的肉牛养殖户

有 125 户，占总样本的 23.19%；初中文化水平的肉牛养殖户有 217 户，占总样本的 40.26%；高中受教育程度的肉牛养殖户有 143 户，占总样本的 26.53%；大专或本科受教育程度的肉牛养殖户有 50 户，占总样本的 9.28%；硕士及以上受教育程度的肉牛养殖户只有 4 户，仅占总样本的 0.74%。总体来说，样本肉牛养殖户户主的受教育程度较低，大多只是接受了最基本的九年义务教育，本科以上学历能够返乡就业的青年人较少，说明样本肉牛养殖户户主的受教育程度总体较低。

④肉牛养殖年限。从样本肉牛养殖户的肉牛养殖年限分布情况来看，肉牛养殖 5 年及以下的养殖户相对较多，有 158 户，占到总样本的 29.31%；肉牛养殖 6～10 年的养殖户最多，有 186 户，高达总样本的 34.51%；肉牛养殖 11～20 年的养殖户有 118 户，占总样本的 21.89%；肉牛养殖 21～30 年的养殖户有 51 户，占总样本的 9.46%；肉牛养殖 31～40 年的养殖户有 14 户，占总样本的 2.60%；肉牛养殖 40 年以上的养殖户有 12 户，占总样本的 2.23%。总体上来看，接受调查的肉牛养殖户大多从事肉牛养殖 10 年以下，高达总样本的 63.82%，肉牛养殖的年限较短；从事肉牛养殖 20 年以上的养殖户较少，仅占总样本的 14.29%。

⑤肉牛养殖原因。从样本肉牛养殖户户主的肉牛养殖原因分布情况来看，大多是因为牛肉价格稳步递增，且养牛收益高。肉牛养殖原因为家庭传统养殖的养殖户有 128 户，占总样本的 23.75%；肉牛养殖原因为跟风养殖的养殖户有 10 户，仅占总样本的 1.86%；肉牛养殖原因为肉牛养殖效益好的养殖户数量最多，有 246 户，高达总样本的 45.64%；肉牛养殖原因为政府引导的养殖户有 90 户，占到总样本的 16.70%；肉牛养殖原因为合作社或龙头企业引导的养殖户有 65 户，占到总样本的 12.06%。总体来说，样本养殖户从事肉牛养殖的原因大多是因为养牛效益好，传统养殖的养殖户数量也较多，然而通过政府和产业组织引导的养殖户数量接近总样本的三分之一。

3.3.2 养殖户家庭特征描述分析

为把握样本养殖户的家庭特征分布情况，本研究对养殖户家庭人口数、肉牛养殖劳动力人数、是否有亲戚从事肉牛产业相关行业、所在区域是否为牧区、家中是否有村干部、家庭年收入等家庭特征进行描述性统计分析（表 3 - 10）。

①家庭人口数。从样本肉牛养殖户的家庭人口分布情况来看，三口之家或四口之家的人数较多。家庭人口数 2 人及以下的肉牛养殖户有 35 户，占总样本的 6.49%；家庭人口数 3 人的肉牛养殖户有 130 户，占总样本的 24.12%；家庭人口数 4 人的肉牛养殖户有 187 户，占总样本的 34.69%；家庭人口数 5 人的肉牛养殖户有 86 户，占总样本的 15.96%；家庭人口数 6 人及以上的肉牛养殖户有 101 户，占总样本的 18.74%。总体来看，家庭人口数 3～4 人的肉牛养殖户最多，共有 317 户，占到总样本的一半以上。另外，家庭人口数为 6 人以上的肉牛养殖户户数占总样本的 18.74%，可能的原因是肉牛养殖效益好，存在一些在回家乡同父母一起从事肉牛养殖经营的青年人。

②肉牛养殖劳动力人数。从样本肉牛养殖户家中肉牛养殖劳动力人数的分布情况来看，肉牛养殖劳动力人数为 1 人的养殖户有 73 户，占总样本的 13.54%；肉牛养殖劳动力人数为 2 人的养殖户数量最多，有 333 户，高达总样本的 61.78%；肉牛养殖劳动力人数为 3 人的养殖户有 84 户，占总样本的 15.58%；肉牛养殖劳动力人数为 4 人以上的养殖户有 49 户，占总样本的 9.09%。总体来看，大多从事肉牛养殖的家庭劳动力人数为 2 人，根据实地调查情况，2 人从事肉牛养殖基本能养殖 20 头左右的肉牛，受访养殖户大多是小规模养殖户。另一种情况可能是有一定规模的家庭农场，会雇佣工人进行肉牛养殖，所以家庭中也可能有 2 人从事肉牛养殖。

③是否有亲戚从事肉牛产业相关行业。从样本肉牛养殖户是否有亲戚从事肉牛产业相关行业的分布情况来看，整体分布较平均。其中，有亲戚从事肉牛产业相关行业的养殖户有 299 户，占总样本的 55.47%；而没有亲戚从事肉牛产业相关行业的养殖户有 240 户，占总样本的 44.53%。

④所在区域是否为牧区。从样本肉牛养殖户所在区域是否为牧区的分布情况来看，所在区域是牧区的养殖户有 247 户，占总样本的 45.83%；所在区域不是牧区的养殖户有 292 户，占总样本的 54.17%。由于禁牧政策和肉牛运输成本高等原因，接受调查的肉牛养殖所在区域大多都不是牧区。

⑤家庭成员中是否有村干部。从样本肉牛养殖户家庭成员中是否有村干

部的分布情况来看，整体分布差异较大。其中，养殖户家庭成员中有村干部的样本数量仅有 40 户，占总样本的 7.42%；养殖户家庭成员中没有村干部的样本数量有 499 户，高达总样本的 92.58%。

⑥家庭年收入。从样本肉牛养殖户家庭年收入的分布情况来看，家庭年收入在 10 万元及以下的肉牛养殖户有 173 户，占总样本的 32.10%；家庭年收入在 10 万～50 万元的肉牛养殖户数量最多有 209 户，占总样本的 38.78%；家庭年收入在 50 万～100 万元的肉牛养殖户有 65 户，占总样本的 12.06%；家庭年收入在 100 万元及以上的肉牛养殖户有 92 户，占总样本的 17.07%。总体上来看，从事肉牛养殖的样本养殖户收入差距较大，且家庭年收入在 50 万元以上的养殖户只占到总样本的 29.13%。

表 3-10　样本养殖户家庭特征

统计指标	类别	样本量（户）	比例（%）	统计指标	类别	样本量（户）	比例（%）
家庭人口数	2 人及以下	35	6.49	是否有亲戚从事肉牛产业相关行业	是	299	55.47
	3 人	130	24.12		否	240	44.53
	4 人	187	34.69	所在区域是否为牧区	是	247	45.83
	5 人	86	15.96		否	292	54.17
	6 人以上	101	18.74	家庭成员中是否有村干部	是	40	7.42
肉牛养殖劳动力人数	1 人	73	13.54		否	499	92.58
	2 人	333	61.78	家庭年收入	10 万元及以下	173	32.10
	3 人	84	15.58		10 万～50 万元	209	38.78
	4 人以上	49	9.09		50 万～100 万元	65	12.06
					100 万元及以上	92	17.07

3.3.3 养殖户经营特征描述分析

为把握样本养殖户的经营特征分布情况，本研究对养殖户肉牛经营规模、家庭养牛收入、养牛收入占比、家庭种植业收入、种植业收入占比、接受肉牛养殖技术培训次数等经营特征进行描述性统计分析（表 3-11）。

①肉牛经营规模。本研究通过测度年肉牛出栏量来表示养殖户的肉牛经营规模，从样本肉牛养殖户的肉牛经营规模分布情况来看，小规模养殖户仍

占大多数。其中，肉牛经营规模在1～19头的养殖户有188户，占总样本的34.88%；肉牛经营规模在20～49头的养殖户有142户，占总样本的26.35%；肉牛经营规模在50～299头的养殖户有164户，占总样本的30.43%；肉牛经营规模在300头及以上的养殖户有45户，占总样本的8.35%。总体来看，肉牛经营规模在50头以下的养殖户为大多数，占总样本的61.22%。根据《全国农产品成本收益资料汇编》的肉牛养殖规模标准可知，目前我国肉牛经营规模仍以散养的小规模养殖为主。

②家庭养牛收入。从样本肉牛养殖户家庭养牛收入的分布情况来看，家庭养牛收入在10万元以下的肉牛养殖户数量最多，有212户，占总样本的39.33%；家庭养牛收入在10万～50万元的肉牛养殖户数量有178户，占总样本的33.02%；家庭养牛收入在50万～100万元的肉牛养殖户有62户，占总样本的11.50%；家庭养牛收入在100万元以上的肉牛养殖户有87户，占总样本的16.14%。总体上来看，从事肉牛养殖的样本养殖户养牛收入差距较大，且家庭养牛收入在50万元以上的养殖户占到总样本的27.64%。

③养牛收入占比。从样本肉牛养殖户养牛收入占比的分布情况来看，养牛收入占比在50%及以下的养殖户有41户，占总样本的7.61%；养牛收入占比在50%～80%的养殖户有91户，占总样本的16.88%；养牛收入占比在80%～95%的养殖户有122户，占总样本的22.63%；养牛收入占比在95%～100%的养殖户数量最多，达到285户，占总样本的52.88%。总体上来看，样本养殖户的养牛收入占比较高，即养牛专业化程度较高，专业化程度在80%以上的肉牛养殖户占到总样本的75.51%。

④家庭种植业收入。从样本肉牛养殖户家庭种植业收入的分布情况来看，家庭种植业收入为0元的肉牛养殖户数量最多，有321户，占总样本的59.55%；家庭种植业收入在0～5万元之间的肉牛养殖户有165户，占总样本的30.61%；家庭种植业收入在5万元以上的肉牛养殖户有53户，占总样本的9.83%。由此可知，样本肉牛养殖户不以种植业收入作为主要收入来源。

⑤种植业收入占比。从样本肉牛养殖户种植业收入占比的分布情况来看，种植业收入占比为0的肉牛养殖户数量最多，有321户，占总样本的59.55%；种植业收入占比在0～30%的肉牛养殖户有162户，占总样本的30.06%；种植业收入占比在30%以上的肉牛养殖户有56户，占总样本

的 10.39%。

⑥接受肉牛养殖技术培训次数。从样本肉牛养殖户接受的肉牛养殖技术培训次数分布情况来看，没有接受过肉牛养殖技术培训的养殖户有 71 户，占总样本的 13.17%；肉牛养殖技术培训次数为 1～2 次的养殖户有 200 户，占总样本的 37.11%；肉牛养殖技术培训次数为 3～10 次的养殖户有 213 户，占总样本的 39.52%；肉牛养殖技术培训次数为 10 次及以上的养殖户仅有 55 户，占总样本的 10.20%。总体来看，样本养殖户接受肉牛养殖技术培训次数大多在 2 次及以下，占总样本的 50.28%，由此可知，样本养殖户接受肉牛养殖技术培训的水平较低。

表 3-11　样本养殖户经营特征

统计指标	类别	样本量（户）	比例（%）	统计指标	类别	样本量（户）	比例（%）
肉牛经营规模	1～19 头	188	34.88	家庭种植业收入	0 万元	321	59.55
	20～49 头	142	26.35		0～5 万元	165	30.61
	50～299 头	164	30.43		5 万元以上	53	9.83
	300 头及以上	45	8.35	种植业收入占比	0	321	59.55
家庭养牛收入	10 万元及以下	212	39.33		0～30%	162	30.06
	10 万～50 万元	178	33.02		30%以上	56	10.39
	50 万～100 万元	62	11.50	接受肉牛养殖技术培训次数	0 次	71	13.17
	100 万元以上	87	16.14		1～2 次	200	37.11
养牛收入占比	50%及以下	41	7.61		3～10 次	213	39.52
	50%～80%	91	16.88		10 次及以上	55	10.20
	80%～95%	122	22.63				
	95%～100%	285	52.88				

3.3.4　养殖户肉牛产业组织模式选择情况描述分析

为把握样本养殖户参与肉牛产业组织模式的基本情况，根据 2.1.1 对肉牛产业组织模式的定义及其分类，当样本养殖户选择以市场价格、签订商品远期收购合同、签订生产管理合同或以入股的形式与肉牛生产加工企业进行交易，则判定该样本养殖户选择了市场交易模式、销售合同模式、生产管理合同模式或者准纵向一体化模式。

表3－12展示了样本区域的养殖户肉牛产业组织模式选择情况。从全样本来看，样本养殖户大多选择销售合同模式，占总样本的36.73%；仅有69户选择准纵向一体化模式，占总样本的12.80%。从肉牛优势产区来看，中原优势区的组织化程度较高，其次是东北优势区，最低的是西南优势区。其中，东北优势区和西北优势区的养殖户大多选择市场交易模式，分别占该样本的44.85%和34.85%；中原优势区和西南优势区的养殖户大多选择销售合同模式，分别占该样本的35.47%和38.57%。根据2.3.1对肉牛产业组织模式的理论分析，将产业组织模式的利益联结机制划分为松散型（市场交易模式和销售合同模式）和紧密型（生产管理合同模式和准纵向一体化模式），样本养殖户选择松散型利益联结机制的产业组织模式共有365户，占总样本的67.71%，然而选择紧密型利益联结机制的产业组织模式有174户，占总样本的32.29%，由此可知，样本养殖户产业组织参与的利益联结机制较松散。

表3－12　样本养殖户肉牛产业组织模式选择情况

肉牛优势产区		肉牛产业组织模式				全样本
		市场交易模式	销售合同模式	生产管理合同模式	准纵向一体化模式	
东北优势区	样本量（户）	74	71	14	6	165
	比例（%）	44.85	43.03	8.48	3.64	30.61
中原优势区	样本量（户）	27	61	43	41	172
	比例（%）	15.70	35.47	25.00	23.84	31.91
西北优势区	样本量（户）	46	39	31	16	132
	比例（%）	34.85	29.55	23.48	12.12	24.49
西南优势区	样本量（户）	20	27	17	6	70
	比例（%）	28.57	38.57	24.29	8.57	12.99
全样本	样本量（户）	167	198	105	69	539
	比例（%）	30.98	36.73	19.48	12.80	100

3.4　交易特性的测度与特征分析

本研究在Williamson范式的交易特性的基础上，根据国内外相关研究成果，构建交易特性指标体系，利用11个省份肉牛养殖户的微观调查数据，运用熵值法测算肉牛养殖户交易特性，进行肉牛养殖户交易特性的特征分析，为后文探讨交易特性对养殖户肉牛产业组织模式选择的影响机制奠定基础。

3.4.1 养殖户交易特性的测度

（1）交易特性指标体系的构建

参考已有相关研究，结合农业生产特性和肉牛养殖经营活动的特殊性，根据2.1.3对肉牛养殖户交易特性的界定，本研究用专用性、规模性和风险性来表示肉牛养殖户交易特性。具体肉牛养殖户交易特性测度指标体系见表3-13。

①专用性指标及测度。冯晓龙等（2018）将资产专用性划分为人力资本专用性、实物资产专用性、土地资产专用性、地理位置专用性。其中，人力资本专用性可通过户主受教育程度、每年参与技术培训次数及从事某种农产品生产的年限测度（林文声等，2016）。另外，专用性资产不仅包括实物性质的资产，还包括人际关系、社会信任等关系资本（Goodhue et al.，2013）。实物资产专用性可以是通过养殖户进行持久投资而形成的实物性质资产，也可以是养殖过程中的其他投入（王翌秋等，2019）。地理位置专用性可以通过区位优势、交通条件、生态环境等天然的地理位置测度（肖文韬，2004），也可以通过村庄与乡镇政府的距离、村庄到农产品售卖市场的距离（Alemayehu and Bewket，2017）、村内公路里程等区位优势测度（李孔岳，2009）。因此，本研究将肉牛养殖户的技术培训、养殖年限、养牛关系网络、牛舍成本、肉牛养殖投入、是否牧区、牛舍周边环境作为测度专用性的指标（表3-13）。

②规模性及测度。苟茜和邓小翔认为（2019）规模性可通过农产品的种养规模、土地面积、资本规模等测度。何一鸣等（2019）用耕地面积、耕地调整情况、耕地肥力灌溉条件、农地机耕比例等测度规模性。薛莹（2021）从农产品的种植规模和养殖规模两个方面进行测度。因此，本研究根据已有研究成果，将牛舍数量、牛舍面积、养殖规模作为测度规模性的指标（表3-13）。

③风险性及测度。已有研究成果认为风险性包括经营风险、交易风险、

生产风险、市场风险（荀茜和邓小翔，2019；何一鸣等，2019；薛莹，2021）。鉴于，肉牛生产活动具有前期资本投入较大、生长周期长、养殖成本高等特点，肉牛养殖成了一种具有特殊风险性且易受自然因素影响的特殊交易特性的产业。因此，本研究根据已有研究成果并结合肉牛养殖的特殊性，将家庭是否贷款、获取市场信息程度、养牛风险作为测度风险性的指标（表 3-13）。

表 3-13　肉牛养殖户交易特性评价指标体系

交易特性	指标名称	指标赋值	作用方向
专用性	技术培训	年参与肉牛养殖技术培训次数（次）	正
	养殖年限	从事肉牛养殖年限（年）	正
	养牛关系网络	是否有亲戚从事肉牛产业相关行业，否=0，是=1	正
	牛舍成本	牛舍建设成本（万元）	正
	肉牛养殖投入	年经营肉牛养殖投入成本（万元）	正
	是否牧区	所在区域是否为放牧区，否=0，是=1	正
	牛舍周边环境	牛舍周边环境：非常差=1，比较差=2，一般=3，比较好=4，非常好=5	正
规模性	牛舍数量	牛舍数量（个）	正
	牛舍面积	牛舍总建筑面积（米^2）	正
	养殖规模	年出栏肉牛数量（头）	正
风险性	家庭是否贷款	家庭是否有正规金融部门贷款，否=0，是=1	正
	获取市场信息程度	获取市场信息难易程度，非常容易=1，比较容易=2，一般=3，比较困难=4，非常困难=5	正
	养牛风险	您认为养牛风险大吗，否=0，是=1	正

(2) 测度方法

指标赋权是对肉牛养殖户交易特性进行测度的关键环节，为了避免主观因素所带来的偏误（颜双波，2017），本研究采用熵值法对肉牛养殖户交易特性进行评价分析。熵值法根据各项指标数据所提供信息量的大小计算出指标权重，能够客观地反映指标在评价体系中的权重（朱喜安和魏国栋，2015）。鉴于，肉牛养殖户交易特性各项指标观测值较多，呈非线性，属于耗散结构系统，可以采用熵值法进行赋权分析。同时，本研究所运用的微观调查数据的样本量较少，不适合进行主成分分析和因子分析（刘云菲等，2021）。具体步骤如下：

①计算指标对数据同度量化。将 m 个样本中的 n 个评价指标，构成原

始指标数据矩阵 $X=(x_{ij})_{m\times n}(1\leqslant i\leqslant m,1\leqslant j\leqslant n)$，$x_{ij}$ 即为第 i 个样本中的第 j 个指标。对各项指标进行同度量化处理，由于测度指标均已调整为正向指标，具体计算公式如下：

$$x'_{ij}=\frac{x_{ij}-\min\{x_{ij}\}}{\max\{x_{ij}\}-\min\{x_{ij}\}}(i=1,2,\cdots,m;j=1,2,\cdots,n) \tag{3-1}$$

②计算指标体系的比重矩阵。具体公式如下：

$$(p_{ij})_{m\times n}=\frac{x'_{ij}}{\sum_{i=1}^{m}x'_{ij}}(j=1,2,\cdots,n) \tag{3-2}$$

式（3-2）中，$0\leqslant p_{ij}\leqslant 1$。

③计算各指标的熵值。具体公式如下：

$$e_j=-k\sum_{i=1}^{m}[p_{ij}\times\ln(p_{ij})](j=1,2,\cdots,n) \tag{3-3}$$

式（3-3）中，$k=\frac{1}{\ln m}$；$0\leqslant e_j\leqslant 1$。在熵值计算中，若出现 p_{ij} 为 0 无法进行对数计算时，采用均值差值法，对其加 1 后再进行对数计算。

④计算差异项系数。具体公式如下：

$$g_j=1-e_j(j=1,2,\cdots,n) \tag{3-4}$$

⑤计算指标权重。具体公式如下：

$$w_j=\frac{g_j}{\sum_{j=1}^{n}g_j} \tag{3-5}$$

式（3-5）中，$\sum_{j=1}^{n}w_j=1$。

⑥计算各项样本的综合得分水平。将极值标准化平移后的数值 x'_{ij} 和各指标的权重系数 w_j 进行加权平均，计算专用性、规模性、风险性的综合评价指数，具体公式如下：

$$F_i=\sum_{j=1}^{n}(w_j\times x'_{ij}) \tag{3-6}$$

式（3-6）中，$0\leqslant F_i\leqslant 1$。

利用熵值法对交易特性构成的各个指标的权重进行计算（表 3-14）。表 3-14 显示各个指标权重的结果，在专用性指标中，牛舍成本所占的比重最大（0.217 628 8），其次分别为肉牛养殖投入（0.206 924 9）、是否牧区（0.198 927 6），由此说明了这 3 个指标在专用性指标体系中的重要性。在规模性指标中、牛舍面积所占的比重最大（0.340 102 5），其次分别为养殖规模（0.332 287 4）、牛舍数量（0.325 610 1），由此说明牛舍面积在规模性指标体系中的重要性。在风险性指标中，家庭是否贷款所占的比重最大（0.479 000 0），其次分别为获取市场信息程度（0.286 944 1）、养牛风险（0.235 056 0），由此说明是否贷款在风险性指标体系中的重要性。

表 3 - 14　肉牛养殖户交易特性评价指标权重

交易特性	指标名称	权重	权重排名
专用性	技术培训	0.111 773 4	5
	养殖年限	0.097 999 1	6
	养牛关系网络	0.150 222 3	4
	牛舍成本	0.217 628 8	1
	肉牛养殖投入	0.206 924 9	2
	是否牧区	0.198 927 6	3
	牛舍周边环境	0.016 523 9	7
规模性	牛舍数量	0.325 610 1	3
	牛舍面积	0.340 102 5	1
	养殖规模	0.332 287 4	2
风险性	家庭是否贷款	0.479 000 0	1
	获取市场信息程度	0.286 944 1	2
	养牛风险	0.235 056 0	3

3.4.2　养殖户交易特性的特征分析

(1) 养殖户交易特性原始表征指标特征分析

从表 3 - 15 对肉牛养殖户交易特性观测指标的描述性统计可知，技术培训变量的均值为 3.730，且最大值和最小值的差距较大，表明样本养殖户每年参与肉牛养殖技术培训次数大多为 4 次左右，且参与技术培训的频率差异较大。养殖年限变量的均值为 11.607，表明样本肉牛养殖户进行肉牛养殖的年限大多在12年左右。养牛关系网络变量的均值为0.555，表明样本肉牛养殖户中有亲戚从事肉牛产业相关行业的样本量在一半以上。牛舍成本变量的均值为37.080，且标准差为54.159，表明样本肉牛养殖户的牛舍建设成本差距较大。肉牛养殖投入变量的均值为54.692，且标准差为19.227，表明样本肉牛养殖户年经营肉牛养殖投入成本基本在54万元左右，但肉牛养殖户之间的投入成本差距较大。是否牧区变量的均值为0.458，表明样本肉牛养殖户所在区域有一半以上不在牧区。牛舍周边环境变量的均值为4.206，且标准差为0.749，表明样本肉牛养殖户牛舍周边环境都比较好。牛舍数量变量的均值为1.829，表明样本肉牛养殖户的牛舍数量大多是1～2个。牛舍面积变量的均值为2016.386，且标准差为4 946.969，表明样本肉牛养殖户的牛舍面积大多在2 000平方米左右，样本肉牛养殖户之间牛舍面积的差距较大。养殖规模变量的均值为76.304，且标准差为102.173，表明样本肉牛养殖户的经营规模差距较大，以中小规模为主。家庭是否贷款变量的均值为0.885，表明样本肉牛养殖户有超过一半的人贷款，其原因可能是肉牛生产活动需要资金投入量较大。获取市场信息程度变量的均值为2.221，表明样本肉牛养殖户大多较容易获得肉牛市场信息。养牛风险变量的均值为0.772，表明样本肉牛养殖户有约三分之二的人都认为从事肉牛养殖风险大。

表3-15　肉牛养殖户交易特性观测指标的描述性统计

变量名称	含义及赋值	均值	标准差	最小值	最大值
技术培训	年参与肉牛养殖技术培训次数（次）	3.730	3.961	0	20
养殖年限	从事肉牛养殖年限（年）	11.607	9.610	1	50
养牛关系网络	是否有亲戚从事肉牛产业相关行业，否=0，是=1	0.555	0.497	0	1
牛舍成本	牛舍建设成本（万元）	37.080	54.159	0.600	200
肉牛养殖投入	年经营肉牛养殖投入成本（万元）	54.692	19.227	0.620	100
是否牧区	所在区域是否为放牧区，否=0，是=1	0.458	0.499	0	1
牛舍周边环境	牛舍周边环境：非常差=1，比较差=2，一般=3，比较好=4，非常好=5	4.206	0.749	2	5

（续）

变量名称	含义及赋值	均值	标准差	最小值	最大值
牛舍数量	牛舍数量（个）	1.829	1.103	1	4
牛舍面积	牛舍总建筑面积（米^2）	2 016.386	4 946.969	30.000	41 000
养殖规模	年出栏肉牛数量（头）	76.304	102.173	5	380
家庭是否贷款	家庭是否有正规金融部门贷款，否＝0，是＝1	0.885	0.319	0	1
获取市场信息程度	获取市场信息难易程度：非常容易＝1，比较容易＝2，一般＝3，比较困难＝4，非常困难＝5	2.221	0.852	1	5
养牛风险	您认为养牛风险大吗，否＝0，是＝1	0.772	0.420	0	1

（2）养殖户交易特性水平特征分析

由表3－16对肉牛养殖户交易特性观测指标评价结果可知，3个交易特性的均值大小分别为专用性（0.329）、规模性（0.146）、风险性（0.562），最大值与最小值几乎相差1个单位，说明样本肉牛养殖户的交易特性差异较大且异质性较明显。进一步，为考察肉牛养殖户交易特性的强弱情况，本研究将养殖户的专用性大于专用性均值的归为强专用性，小于均值的归为弱专用性，规模性和风险性强弱的划分方法同专用性。从表3－16可知，弱专用性的养殖户有262户，占总样本的48.61%，强专用性的养殖户有277户，占总样本的51.39%；弱规模性的养殖户有368户，占总样本的68.27%，强规模性的养殖户有171户，占总样本的31.73%；弱风险性的养殖户有249户，占总样本的46.20%，高风险性的养殖户有290户，占总样本的53.80%。由此可以看出，养殖户之间的规模性差异最大，且弱规模性占大多数，而养殖户之间的专用性和风险性差异较小。

表3－16　肉牛养殖户交易特性观测指标评价结果

交易特性	均值	最小值	最大值	弱		强	
				数量（户）	比例（%）	数量（户）	比例（%）
专用性	0.329	0.012	0.901	262	48.61	277	51.39
规模性	0.146	0	1	368	68.27	171	31.73
风险性	0.562	0	1	249	46.20	290	53.80

为进一步探讨肉牛养殖户之间交易特性的区域差异，根据上述分析测算得到不同肉牛优势区及交易特性的强弱情况（表 3-17）。从测算结果来看，东北优势区养殖户的交易特性表现为强规模性的养殖户有 14 户，占东北优势区样本的 8.48%，弱规模性的养殖户有 151 户，占东北优势区样本的 91.52%；强风险性的养殖户有 66 户，占东北优势区样本的 40%，弱风险性的养殖户有 99 户，占东北优势区样本的 60%；养殖户的专用性户数分布较平均，强专用性的养殖户有 82 户，占东北优势区样本的 49.70%，弱专用性的养殖户有 83 户，占东北优势区样本的 50.30%。

中原优势区养殖户的交易特性表现为强规模性的养殖户有 113 户，占中原优势区样本的 65.70%，弱规模性的养殖户有 59 户，占中原优势区样本的 34.30%；强风险性的养殖户有 124 户，占中原优势区样本的 72.09%，弱风险性的养殖户有 48 户，占中原优势区样本的 27.91%；养殖户的专用性户数分布较平均，强专用性的养殖户有 95 户，占中原优势区样本的 55.23%，弱专用性的养殖户有 77 户，占中原优势区样本的 44.77%。

西北优势区养殖户的交易特性表现为强规模性的养殖户有 16 户，占西北优势区样本的 12.12%，弱规模性的养殖户有 116 户，占西北优势区样本的 87.88%；养殖户的专用性和风险性户数分布较平均，强专用性的养殖户有 65 户，占西北优势区样本的 49.24%，弱专用性的养殖户有 67 户，占西北优势区样本的 50.76%；强风险性的养殖户有 67 户，占西北优势区样本的 50.76%，弱风险性的养殖户有 65 户，占西北优势区样本的 49.24%。

西南优势区养殖户的交易特性表现为强规模性的养殖户有 28 户，占西南优势区样本的 40%，弱规模性的养殖户有 42 户，占西南优势区样本的 60%；强风险性的养殖户有 33 户，占西南优势区样本的 47.14%，弱风险性的养殖户有 37 户，占西南优势区样本的 52.86%；养殖户的专用性户数分布较平均，强、弱专用性的养殖户均有 35 户，分别占西南优势区样本的 50%。

总的来说，东北优势区肉牛养殖户的交易特性为弱专用性、弱规模性、弱风险性；中原优势区肉牛养殖户的交易特性为强专用性、强规模性、强风险性；西北优势区肉牛养殖户的交易特性为弱专用性、弱规模性、强风险性；西南优势区肉牛养殖户的交易特性为弱规模性、弱风险性。

表3-17　不同肉牛优势区的肉牛养殖户交易特性评价结果

肉牛优势产区			交易特性		
			专用性	规模性	风险性
东北优势区	弱	数量（户）	83	151	99
		比例（%）	50.30	91.52	60.00
	强	数量（户）	82	14	66
		比例（%）	49.70	8.48	40.00
中原优势区	弱	数量（户）	77	59	48
		比例（%）	44.77	34.30	27.91
	强	数量（户）	95	113	124
		比例（%）	55.23	65.70	72.09
西北优势区	弱	数量（户）	67	116	65
		比例（%）	50.76	87.88	49.24
	强	数量（户）	65	16	67
		比例（%）	49.24	12.12	50.76
西南优势区	弱	数量（户）	35	42	37
		比例（%）	50.00	60.00	52.86
	强	数量（户）	35	28	33
		比例（%）	50.00	40.00	47.14

为进一步探讨参与不同肉牛产业组织模式养殖户之间交易特性的差异，根据上述分析测算得到不同肉牛产业组织模式及交易特性的强弱情况（表3-18）。从测算结果来看，参与市场交易模式的养殖户交易特性表现为强规模性的养殖户有25户，占参与市场交易模式样本的14.97%，弱规模性的养殖户有142户，占参与市场交易模式样本的85.03%；强风险性的养殖户有68户，占参与市场交易模式样本的40.72%，弱风险性的养殖户有99户，占参与市场交易模式样本的59.28%；养殖户的专用性户数分布较平均，强专用性的养殖户有74户，占参与市场交易模式样本的44.31%，弱专用性的养殖户有93户，占参与市场交易模式样本的55.69%。

表 3-18　参与不同产业组织模式的肉牛养殖户交易特性评价结果

产业组织模式			交易特性		
			专用性	规模性	风险性
市场交易模式	弱	数量（户）	93	142	99
		比例（%）	55.69	85.03	59.28
	强	数量（户）	74	25	68
		比例（%）	44.31	14.97	40.72
销售合同模式	弱	数量（户）	111	141	91
		比例（%）	56.06	71.21	45.96
	强	数量（户）	87	57	107
		比例（%）	43.94	28.79	54.04
生产管理合同模式	弱	数量（户）	41	56	44
		比例（%）	39.05	53.33	41.90
	强	数量（户）	64	49	61
		比例（%）	60.95	46.67	58.10
准纵向一体化模式	弱	数量（户）	17	29	15
		比例（%）	24.64	42.03	21.74
	强	数量（户）	52	40	54
		比例（%）	75.36	57.97	78.26

参与销售合同模式的养殖户交易特性表现为强规模性的养殖户有 57 户，占参与销售合同模式样本的 28.79%，弱规模性的养殖户有 141 户，占参与销售合同模式样本的 71.21%；强专用性的养殖户有 87 户，占参与销售合同模式样本的 43.94%，弱专用性的养殖户有 111 户，占参与销售合同模式样本的 56.06%；养殖户的风险性户数分布较平均，强风险性的养殖户有 107 户，占参与销售合同模式样本的 54.04%，弱风险性的养殖户有 91 户，占参与销售合同模式样本的 45.96%。

参与生产管理合同模式的养殖户交易特性表现为强专用性的养殖户有 64 户，占参与生产管理合同模式样本的 60.95%，弱专用性的养殖户有 41 户，占参与生产管理合同模式样本的 39.05%；强风险性的养殖户有 61 户，占参与生产管理合同模式样本的 58.10%，弱风险性的养殖户有 44 户，占参与生产管理合同模式样本的 41.90%；养殖户的规模性户数分布较平均，强规模性的养殖户有 49 户，占参与生产管理合同模式样本的 46.67%，弱规模性的养殖户有 56 户，占参与生产管理合同模式样本的 53.33%。

参与准纵向一体化模式的养殖户交易特性表现为强风险性的养殖户有 54 户，占参与准纵向一体化模式样本的 78.26%，弱风险性的养殖户有 15 户，占参与准纵向一体化模式样本的 21.74%；强专用性的养殖户有 52 户，占参与准纵向一体化模式样本的 75.36%，弱专用性的养殖户有 17 户，占参与准纵向一体化模式样本的 24.64%；养殖户的规模性户数分布较平均，强规模性的养殖户有 40 户，占参与准纵向一体化模式样本的 57.97%，弱规模性的养殖户有 29 户，占参与准纵向一体化模式样本的 42.03%。

总的来说，参与市场交易模式肉牛养殖户的交易特性为弱专用性、弱规模性、弱风险性；参与销售合同模式肉牛养殖户的交易特性为弱专用性、弱规模性、强风险性；参与生产管理合同模式肉牛养殖户的交易特性为强专用性、弱规模性、强风险性；参与准纵向一体化模式肉牛养殖户的交易特性为强专用性、强规模性、强风险性。

3.5　本章小结

首先，本章从肉牛生产概况、牛肉价格概况、牛肉消费概况和牛肉贸易概况等方面介绍了我国肉牛产业发展概况，并且阐述了样本区域的肉牛生产概况。其次，从研究区域概况、问卷设计的主要内容和数据来源这 3 个方面对调研方案设计进行介绍。再次，利用微观调查数据，对样本养殖户的基本特征进行描述性统计分析。最后，对样本养殖户交易特性进行测度并进行描述性统计分析。为接下来的实证分析提供现实基础和数据支撑，主要研究结论如下：

①养殖户户主个体特征。样本养殖户从事肉牛养殖的主要劳动力和决策者还是以男性为主，达到总样本的 84.04%。接受调查的肉牛养殖户呈现出老龄化的趋势，50 岁以上的养殖户达到总样本的 43.23%。样本肉牛养殖户户主的受教育程度较低，大多只是接受了最基本的九年义务教育，大专或本科以上学历能够返乡就业的青年人较少。样本养殖户从事肉牛养殖的原因大多是因为养牛效益好，肉牛养殖的年限大多在 10 年以下。

②养殖户家庭特征。样本养殖户的家庭人口数为3～4人的最多，从事肉牛养殖劳动力人数大多为2人，而且养殖户家庭中有村干部的较少，接受调查的肉牛养殖户中有亲戚从事肉牛产业相关行业的占大多数，且肉牛养殖区域大多不在放牧区，家庭年收入大多在10万～50万元之间。

③养殖户经营特征。接受调查的肉牛养殖户的经营规模大多在50头以下，以散养的小规模养殖为主；有三分之一的养殖户家庭养牛收入在10万元及以下，养牛收入占总收入的比重在80%以上的肉牛养殖户占到总样本的75.51%，然而有一半以上的养殖户没有种植业收入；样本养殖户接受肉牛养殖技术培训次数大多在2次及以下，占总样本的50.28%。

④养殖户肉牛产业组织模式选择情况。样本区域的肉牛养殖户选择市场交易模式的有167户，选择销售合同模式的有198户，选择生产管理合同模式的有105户，选择准纵向一体化模式的有69户，这表明样本养殖户大多选择利益联结机制较松散的肉牛产业组织模式。

⑤养殖户交易特性特征。样本养殖户交易特性差异较大且异质性较明显，其中养殖户的规模性差异最大，且弱规模性占大多数，而养殖户的专用性和风险性差异较小。不同肉牛优势区域养殖户的交易特性的异质性明显，其中东北优势区肉牛养殖户的交易特性为弱专用性、弱规模性、弱风险性；中原优势区肉牛养殖户的交易特性为强专用性、强规模性、强风险性；西北优势区肉牛养殖户的交易特性为弱专用性、弱规模性、强风险性；西南优势区肉牛养殖户的交易特性为弱规模性、弱风险性。选择不同肉牛产业组织模式养殖户的交易特性的异质性明显，其中参与市场交易模式肉牛养殖户的交易特性为弱专用性、弱规模性、弱风险性；参与销售合同模式肉牛养殖户的交易特性为弱专用性、弱规模性、强风险性；参与生产管理合同模式肉牛养殖户的交易特性为强专用性、弱规模性、强风险性；参与准纵向一体化模式肉牛养殖户的交易特性为强专用性、强规模性、强风险性。

第4章　基于交易特性的肉牛产业组织模式分析

根据前文对农业产业组织模式的文献综述、肉牛产业组织模式的概念界定，以及基于交易特性视角对肉牛产业组织模式的理论分析等内容，本章结合实地调研情况并运用案例分析方法，继续探究不同类型肉牛产业组织模式的特征，并通过实地调研中的具体案例进行阐释分析。通过本章进一步明晰肉牛产业组织模式的特征及基本情况，并且为下一章探究基于交易特性视角养殖户选择肉牛产业组织模式的影响因素及作用机制奠定基础。

4.1　理论分析

随着我国农业产业化水平、农民组织化程度的不断提高，针对农业产业组织模式，国内外研究者从不同层面进行了探讨。例如，农业产业组织模式演化的相关研究主要侧重演化路径和方向，以交易费用理论（杨明洪，2002）、共生演化理论（郑军南等，2016）、产业链整合视角（廖祖君和郭晓鸣，2015）和制度演化视角（汤吉军等，2019）等方面进行理论剖析。关于农户的产业组织模式选择问题，主要从价格波动（江光辉和胡浩，2019）、交易成本（蔡晓琳等，2021）和交易特性（丁存振和肖海峰，2019）等方面进行实证分析。同时，产业组织模式也对农户收入（Ao et al.，2019）、生态化经营（李博伟等，2020）、生产技术效率（李霖等，2019）、农产品质量安全（钟真和孔祥智，2012）和农户环境保护行为（Siqueira et al.，2021）等问题的探究。总体来看，现有文献主要通过组织、行为、绩效这3个层面展开对农业产业组织模式的相关研究，然而，强调分析农业产业组织模式初期的交易问题，以往研究对其治理机制的分析还不多见。

在大国小农的基本国情下，国内学者更多关注合作社、“公司+农户”、联合社等产业化经营组织的治理机制分析。不同类型合作社的交易特性、社会关系和关系风险等差异，导致其治理机制不同，进而影响产业化经营组织的有效运营（万俊毅和曾丽军，2020）。张延龙（2019）通过探究企业控制型合作社的初期合作问题，分析其治理机制问题，认为显性契约机制、关系契约机制、隐性社会契约机制有利于促进公司与合作社的稳定发展。崔宝玉和刘丽珍（2017）认为，合作社治理本质上是对社员与合作社之间不同交易关系类型的治理，通过交易费用理论探讨在不同交易关系类型下其治理机制的动态匹配关系。在 Williamson 的交易费用范式下，交易特性（资产专用性、不确定性和交易频率）决定交易方式和交易关系中应采用的治理机制（Williamson，1973）。国内研究者更注重关系治理的研究，并通过分析交易特性影响合作社与农户的契约选择（苟茜和邓小翔，2019）、公司与农户的契约选择（吴曼等，2020）以及农产品供应链合作关系的治理机制选择（陈勇强和祁春节，2021）等方面内容，发现在不同的交易关系阶段，需要采用复合的治理机制，以共同促进交易关系的稳定和农业产业化经营组织的绩效提升。在中国乡村情境下，企业控制型肉牛产业组织模式初期的交易关系有何差异？为保证不同组织模式的有效运营，各类型的交易关系如何匹配其治理机制？

综上，对于农业产业组织模式的本质及其演变规律，现有研究者大多从新古典经济学、新制度经济学和管理学 3 个视角进行分析。其中，从新制度经济学视角，大多运用交易费用理论和契约理论探究农业产业组织模式的形成、演变及其制度效率，较少从治理角度关注农业产业组织模式的本质及其演变，且缺乏系统的理论探讨。同时，在梳理交易关系与治理机制的应用过程中，少有对运用于农业产业组织模式中各个经营主体之间联结方式的制度的探讨。基于此，本章运用多案例分析法，根据交易费用理论的“交易关系—治理机制”理论分析框架，以 Williamson 的制度分析框架为基础，试图构建“交易特性—交易关系—治理机制”分析框架（图 4-1），揭示不同交易特性的农业企业与其他经营主体的交易关系与治理机制，以促进肉牛产业组织模式的可持续发展。

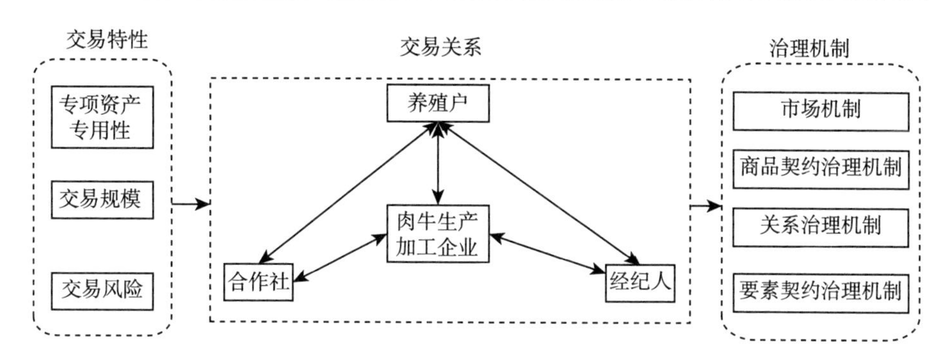

图 4-1　肉牛产业组织模式的“交易特性—交易关系—治理机制”分析框架

4.2　案例选择与资料来源

4.2.1　案例选择

案例研究能够解释“为什么”的问题，有利于剖析内在机制和构建理论框架，并且对实际问题进行详细的分析（Yin，2018）。本章采用多案例研究方法，选择河北、吉林、山东、湖南 4 省的肉牛生产加工企业（表 4-1）为研究案例的主要原因如下：第一，这 4 个肉牛生产加工企业的主营产品都以牛肉及加工品为主，由于肉牛养殖具有较高的专项资产专用性、较高的风险性且容易产生机会主义行为等独特性，适合使用本章构建的“交易特性—交易关系—治理机制”分析框架进行分析。第二，河北、吉林、山东、湖南 4 省分别属于东北、中部、南方的肉牛优势主产区，肉牛产业的制度安排较为成熟，集聚作用较强，具有较好的组织绩效，有着较高的借鉴价值。第三，这 4 个肉牛生产加工企业对于周边养殖户具有较强的示范带动作用，有利于养殖户加入分工经济，融入肉牛产业的价值链，促进养殖户与现代农业的有机衔接，体现了研究的普遍意义。

表 4-1　案例肉牛生产加工企业的基本情况

企业名称	成立时间	主要经营方式	所在地
YS 公司	2012 年	牛羊养殖，牛、羊、鸡屠宰、加工	河北省唐山市
JN 公司	2006 年	肉牛标准化繁育养殖、屠宰加工，饲料加工，有机肥生产	吉林省桦甸市

（续）

企业名称	成立时间	主要经营方式	所在地
HX公司	2008年	肉牛良种改良、繁育、屠宰加工，饲草种植加工	山东省滨州市
TH公司	2001年	肉牛良种繁育，高档肉牛育肥、屠宰加工，饲料加工	湖南省涟源市

4.2.2 资料来源

本章所选取的案例资料主要来源于国家肉牛牦牛产业技术体系各综合实验站的报告，以及2021年5—8月课题组在实地走访和半结构访谈的过程中获得的一手研究资料。访谈涉及的调查对象包括企业的主要负责人、技术人员、乡镇和村两级基层政府的有关人员、村合作社的主要负责人、经纪人、养殖户等。同时，课题组针对每个访谈对象进行了2～3小时的半结构访谈，形成了10 000字左右的访谈记录，并为每个案例建立资料库，方便后续分析和查验。实地走访的情况，增强了对本章案例研究的感性认识。此外，根据案例研究的“证据三角”原则，借助当地农业部门的政府文件、新闻报刊材料和公司网站信息等数据资料，以保证数据的可靠性。

4.3 案例描述

肉牛生产加工企业是肉牛产业化组织的重要载体，同时也是肉牛产业组织模式治理机制中制度安排的重要联结，有利于帮助养殖户加强与市场的连接，进而融入肉牛产业的价值链。依据理论分析，本章从肉牛生产加工企业的专项资产专用性、交易规模和交易风险（生产风险、市场风险）等方面进行案例描述，有利于考察不同肉牛生产加工企业的交易特性（表4-2）。

（1）YS公司

YS公司位于河北省唐山市，成立于2012年，现已成为集规模养殖、集中屠宰、分割冷冻、熟食加工于一体的畜牧业生产加工企业。其中，规模化的肉牛养殖基地位于内蒙古，拥有辽阔的草场资源；公司总部和屠宰加工基地位于唐山市，且距离津唐高速、京沈高速入口1公里，交通便利、路网发达。因此，YS公司拥有当地肉牛养殖的聚集效应、清真食品生产加工的优势以及京津冀地区的肉制品消费市场。YS公司的年实际屠宰加工肉牛约为1 800头，牛源中50%为自营规模化养殖、30%为当地农户、20%为市场交易。虽然自营规模化养殖的技术成熟，但其周边肉制品消费量较大，50%的屠宰加工牛源来自经纪人和当地养殖户的市场交易。因此，YS公司的交易特性为低专项资产专用性、大交易规模、高交易风险。

表4-2　案例肉牛生产加工企业的交易特性

企业名称	主营产品	货源结构	交易特性			
			专项资产专用性	交易规模	交易风险	
					生产风险	市场风险
YS公司	生鲜（冻）肉制品、熟食肉制品	50%自营生产；30%养殖户；20%市场	生产资料、技术指导、信息共享等方面投入低	年实际屠宰加工肉牛约1 800头	自营生产的技术成熟；养殖户技术低	收购育肥牛：随行就市
JN公司	生鲜（冻）肉制品、熟食肉制品	70%自营生产；20%合作社；10%养殖户	生产资料、技术指导、信息共享等方面投入中等	年实际屠宰加工肉牛1 000余头	自营生产的技术成熟；养殖户技术中等	收购架子牛：高出市场价格300～400元/头；收购育肥牛：高出市场价格0.5元/斤*
HX公司	生鲜（冻）肉制品、熟食肉制品、品牌高端肉制品	60%自营生产；20%合作社；20%养殖户	生产资料、技术指导、信息共享等方面投入高	年实际屠宰加工肉牛约1 500头	自营生产的技术成熟；养殖户技术中等	收购架子牛：高出市场价格约8元/千克；收购育肥牛：上不封顶、下保底
TH公司	生鲜（冻）肉制品、熟食肉制品、熟肉半成品、品牌高端肉制品	80%自营生产；15%合作社；5%养殖户	资金、生产资料、技术指导、信息共享等生产要素投入高	年实际屠宰加工肉牛约2 000头	自营生产的技术成熟；养殖户技术较高	生产要素投入的占股越多，分利越多

注：*1斤=0.5千克。

（2）JN 公司

JN 公司位于吉林省桦甸市，成立于 2006 年，现已成为集肉牛标准化繁育养殖、饲料加工、有机肥生产、肉牛屠宰分割、物流冷链配送、牛肉销售和餐饮于一体的吉林省畜牧业产业化龙头企业。并且，规模化养殖基地得益于长白山余脉的林下优质放牧环境，具有优质的牧场环境。以 JN 公司为核心成立肉牛养殖合作社，与合作社社员和周边养殖户签订肉牛销售合同，并为契约养殖户免费提供技术指导、信息共享、疫病防控等相关养殖服务。因此，JN 公司的交易特性为中等专项资产专用性、小交易规模、中等交易风险。

（3）HX 公司

HX 公司位于山东省滨州市，成立于 2008 年，现已成为集“渤海黑牛”品种保护、良种改良、繁育、肉牛屠宰加工、饲草种植加工和清真肉食加工于一体的山东省农业产业化重点龙头企业。HX 公司发挥示范带头作用，发展 6 家肉牛专业合作社，既促进渤海黑牛种质资源的保护和繁育，又带动养殖户增收致富。HX 公司大多与社员签订收购优质品种架子牛的契约合同，以高于市场约 8 元/千克的价格进行收购；与专业大户签订收购优质品种育肥牛的契约合同，以“上不封顶、下保底”的方式进行收购。并且，HX 公司为契约养殖户提供优质品种肉牛的受孕、饲养、育肥、防疫等各个环节的技术服务，制定详细的操作规程，建立系谱、产品追溯等技术档案。因此，HX 公司的交易特性为高专项资产专用性、中等交易规模、中等交易风险。

（4）TH 公司

TH 公司位于湖南省涟源市，成立于 2001 年，现已成为集“湘中黑牛”良种繁育、高档肉牛育肥、饲料加工、屠宰加工和肉制品加工等于一体的湖南省农业产业化龙头企业。TH 公司发挥引领肉牛产业优势，逐步形成以项目合作为纽带、以企业为核心、产学研协同合作的创新主体结构，培育了一个南方肉牛优势主产区最大的安格斯杂交肉牛群体。TH 公司牵头投资建设规模化养殖基地，养殖户可间接通过合作社或直接以生产要素入股，养殖基地按照“统一建栏、统一饲养、统一改良、统一防疫、统一服务、分户管理”的“五统一分”运营模式，吸纳养殖户就业，并且根据生产要素投入分红，占股越多，收益分利越多。因此，TH 公司的交易特性为高专项资产专用性、大交易规模、低交易风险。

4.4　肉牛产业组织模式案例分析

通过前文的文献梳理、理论分析和案例描述等内容，可知4个作为研究案例的肉牛生产加工企业的交易特性各不相同。基于此，本章将对肉牛产业组织模式中，不同交易特性的肉牛生产加工企业与其他经营主体的交易关系与治理机制选择进行深入剖析（表4-3）。

4.4.1　案例一：市场交易模式

(1) 经营主体与方式

该案例中YS公司的自营规模化养殖基地拥有内蒙古辽阔的草原资源和先进的肉牛养殖技术，能够生产出优质、安全的牛肉，进而面向高端消费市场，同时其屠宰加工基地位于河北省唐山市，拥有京津冀地区的肉制品消费市场，普通牛肉消费市场也有巨大的潜力。因此YS公司与当地养殖户或经纪人交易普通肉牛，进行肉牛屠宰和肉制品加工，以满足京津冀地区的普通牛肉消费市场。屠宰加工基地所在地的肉牛养殖历史悠久，肉牛养殖户占比较大，但仍以传统肉牛养殖方式为主，导致肉牛养殖品种同质、养殖规模相似和销售品类相同，形成了竞争较为充分的销售者市场。考虑到屠宰加工成本，启动一次肉牛屠宰加工生产线需要达到最低屠宰数量，YS公司通过经纪人收购本地小规模养殖户的肉牛，或者直接与当地肉牛养殖专业大户进行交易，便于集中进行屠宰加工。无论是“企业＋经纪人＋农户”还是“企业＋农户”的经营方式，都是以交易时的市场价格进行自由买卖。鉴于YS公司的交易特性为低专项资产专用性、大交易规模、高交易风险，该企业控制型农业产业组织模式为市场交易模式。

(2) 交易关系的建立与发展

YS公司的屠宰加工基地由于地理位置的优势，能够相对节省一些肉牛交易中的运输费用，因此吸引了当地养殖户进行交易。在进入屠宰加工生产线之前，YS公司会对肉牛进行质量检测，通过检测之后再谈判交易价格。因此，在交易关系建立的初期，需要花费大量时间去对肉牛品质进行细致的质量检测，再结合交易时的肉牛市场价格进行价格谈判。随着双方交易关系的不断发展，无论是YS公司通过经纪人交易当地小规模养殖户的肉牛，还是与专业大户直接交易，交易双方对肉牛的品质有所了解，能够有效节约质量检测的时间，有利于建立信任关系。在访谈过程中发现，一些养殖户跟经纪人认识了8年左右，他们对于目前的合作关系都比较满意，即养殖户相信经纪人提供的收购价格，同时经纪人也信任养殖户提供的肉牛品质，节省了很多监督成本。但有的养殖户表示，哪怕有经常交流的经纪人或者有与企业长时间的合作经验，还是优先考虑收购价格高低进而决定交易对象。因此，该案例的交易关系呈现出养殖户自产自销，通过经纪人或直接与企业交易，具有短期重复性特点。

（3）治理机制

上述交易关系大多存在于市场交易模式中，存在着2种治理机制：市场机制和关系治理机制。其中，市场机制为主，关系治理机制为辅。市场机制在该交易关系中发挥着主要作用，对于交易的建立、持续和结束，价格在一定程度上是决定性因素，养殖户和经纪人是市场价格的被动接受者。关系治理机制只是存在于同企业合作关系较长的养殖户和经纪人之间，通过长时间的合作，双方了解各自的交易条件，从而达到共同的利益点。

4.4.2 案例二：销售合同模式

（1）经营主体与方式

该案例中JN公司的规模化养殖基地，不仅带动了当地养殖户进行肉牛养殖，还带动了当地的肉牛产业发展。JN公司自身成立了肉牛养殖专业合作社，目前发展了230多户的合作社社员，并且签订了远期销售合同，为社员免费提供技术培训和政策信息咨询等服务。另外，JN公司以约高出当地市场0.5元/斤的价格收购养殖户的育肥牛进行屠宰加工；在当地市场价格的基础上，每头牛多加300～400元，收购养殖户的架子牛进行集中育肥。小规模养殖户大多通过合作社与JN公司签订远期销售合同，而规模较大的养殖户大多直接与JN公司签订远期销售合同。无论是“企业＋合作社＋农户”还是“企业＋农户”的经营方式，都是通过签订远期销售合同进行肉牛交易。鉴于JN公司的交易特性为中等专项资产专用性、小交易规模、中等交易风险，该企业控制型农业产业组织模式为销售合同模式。

（2）交易关系的建立与发展

在交易关系的探索阶段，JN公司与养殖户在签订远期销售合同的基础上，还会进行较严格的肉牛品质检测，由于远期销售合同不会明确包含交易价格，所以交易双方会存在讨价还价的过程。在这个过程中，如果养殖户找到了价格更高的销售渠道，则会采取机会主义行为，最终导致违约。随着双方交易关系的发展，会逐渐建立一定的信任，比如，JN公司并没有利用在本土的优势地位影响当地的市场价格，反而在市场价格低迷的时候，以历史平均价格收购肉牛，以保证养殖户的收入水平。同时，JN公司除了给养殖户提供基本经济交易的支持，还会提供价格、政策、养牛知识等信息方面的支持。因此，JN公司与养殖户之间能够保持稳定持续的合作关系，该关系具有长期重复性特点。

（3）治理机制

上述交易关系大多存在于销售合同模式中，存在着3种治理机制：商品契约治理机制、市场机制和关系治理机制，其中商品契约治理机制为主，市场机制和关系治理机制为辅。商品契约治理机制在该交易关系中发挥着主要作用，由于JN公司改良的优质肉牛品种，现阶段主要在规模化养殖基地进行育肥，收购养殖户的肉牛品种以西门塔尔为主，为了保证JN公司品牌的影响力，需要严格把控所收购养殖户的肉牛品质。其中，市场机制也存在于JN公司与养殖户的交易关系中，在市场交易价格较好的时候，养殖户可以自主地选择以更高的价格出售肉牛；在市场交易价格不稳定的时候，JN公司则可以为养殖户提供一定的市场交易价格保障。关系治理机制主要表现在：JN公司是省级龙头企业，在乡村熟人社会中，更容易与养殖户建立良好的信任关系，并会产生一定的农村社会行为规范。

4.4.3　案例三：生产管理合同模式

（1）经营主体与方式

该案例中HX公司繁育并养殖的优质品种肉牛带动当地肉牛产业发展，自身发展6家肉牛专业合作社。每年屠宰并加工的肉牛，60%来自企业的标准化养殖，40%来自合作社和农户的订单。HX公司通过合作社与养殖户签订优质品种架子牛的生产管理合同，包含由养殖户提供优质品种的基础母牛，HX公司承担优质品种肉牛的冻精及配种费用，为养殖户提供母牛的受孕、饲养、防疫等各个环节的技术服务，以高出市场约8元/千克的价格进行架子牛收购。HX公司直接与专业大户签订优质品种育肥牛的生产管理合同，包含以市场价格赊销优质品种架子牛、饲料、兽药等生产资料，回收废弃物、收购肉牛的交易价格等内容。HX公司提供专业的技术人员定期进行检查，以保证养殖户的肉牛品质，通过协议价格收购肉牛，采取“上不封顶、下保底”的方式。无论是“企业＋合作社＋农户”还是“企业＋农户”的经营方式，都是通过签订生产管理合同进行肉牛交易。鉴于HX公司的交易特性为高专项资产专用性、中等交易规模、中等交易风险，该企业控制型农业产业组织模式为生产管理合同模式。

(2) 交易关系的建立与发展

HX公司与养殖户建立交易关系之前，有专业技术人员针对养殖户的养殖环境进行评估，以保证合同肉牛能够达到公司的收购标准。在生产管理合同中，HX公司会根据不同养殖户的具体情况，弹性制定交易条件。随着双方签订几轮合同之后，在这个过程中会建立一定的信任关系，不仅对于双方的交易能力有一定的了解，还有利于减少双方的谈判成本。当信任关系转变为情感认同，HX公司与养殖户之间的关系变得更加紧密，其交易关系从基本的经济交易逐渐包含了更多的非经济交易，能够更多地站在对方的角度考虑订单条件，从而保持紧密的社会联结关系，并具有长期持续性特点。

(3) 治理机制

上述交易关系大多存在于生产管理合同模式中，存在着2种治理机制：商品契约治理机制和关系治理机制，其中商品契约治理机制为主，关系治理机制为辅。商品契约治理机制在双方关系初始阶段中发挥着主要作用，HX公司与养殖户之间的合同契约不仅能够保证双方的权利和义务，还能明确地规定交易条件。专业技术人员进行技术指导，既有利于保证收购肉牛的品质，还有利于提升养殖户的技术水平。同时，关系治理机制主要存在于交易关系的后续发展阶段，当交易双方以信任为基础建立了良好的人际关系，获得了心理上的情感认同，有利于抑制损人利己的机会主义行为。

4.4.4 案例四：准纵向一体化模式

(1) 经营主体与方式

该案例中 TH 公司在湘中地区形成了“湘中黑牛”产业带，依靠养牛技术创新，通过安格斯牛和本地黄牛培育出“湘中黑牛”。为了实现农企共赢，TH 公司通过自身成立的合作社，吸引区域内 90%养殖户加入产业组织，将养殖户纳入肉牛产业链的价值链中。TH 公司以少部分资金入股合作社（企业领办），并组织小规模养殖户以资金、土地、本地黄牛等生产要素入股合作社取得大部分股份。以 TH 公司为主投资建设现代化规模肉牛养殖基地，基地中的优质品种肉牛是由公司免费提供的安格斯牛与养殖户提供的黄牛培育而成。TH 公司向养殖户免费提供饲料、兽药等生产资料，全程由专业的技术人员提供免费的技术指导。养殖基地通过分户管理的方式，雇佣养殖户承担基地的养殖管理，其收入为企业每月支付的工资和年底分红。同时，TH 公司免费为专业大户的传统养殖场投入现代化的养牛设备，将其改造为现代化规模肉牛养殖基地，基地中的优质品种肉牛也是由养殖户提供的黄牛与公司免费提供的安格斯牛共同培育而成。养殖户以批发价在 TH 公司购买养殖优质品种肉牛所需要的生产资料，公司则免费为养殖大户提供技术指导，并且定期进行肉牛质量的监督管理。无论是“企业＋合作社＋基地＋农户”，还是“企业＋基地＋农户”的经营方式，都是以要素入股建立养殖基地的形式进行肉牛交易。鉴于 TH 公司的交易特性为高专项资产专用性、大交易规模、低交易风险，该企业控制型农业产业组织模式为准纵向一体化模式。

(2) 交易关系的建立与发展

TH 公司作为湖南省农业产业化龙头企业，不仅是拥有完整肉牛产业链的普通商业企业，更是为实现“三农”发展目标、提高养殖户的收入水平和组织化程度的具有社会价值的企业。因此，TH 公司在与养殖户的交易关系中，起着牵引和带动作用。在交易关系的建立阶段，TH 公司组织小规模养殖户以生产要素入股合作社取得大部分股份，并以公司投资为主，共同建立现代化规模肉牛养殖基地，同时还免费将专业大户的传统养殖场改造为现代化规模肉牛养殖基地。另外，TH 公司还为养殖户提供优质品种肉牛养殖环节的技术支持，使养殖户获得了公司的“一次让利”。随着交易关系的不断发展，由于是建立在生产要素基础上的联结方式，因而更容易建立相互之间的信任，不仅保障了优质品种肉牛养殖与销售的质与量的问题，还节省了公司对养殖户在养殖过程中的监督成本，从而实现交易关系的进一步升级，转变为风险共担、收益共享的合作关系，并具有部分纵向整合的特点。

（3）治理机制

上述交易关系大多存在于准纵向一体化模式中，存在着 2 种治理机制：要素契约治理机制和关系治理机制，其中要素契约治理机制为主，关系治理机制为辅。要素契约治理机制在该交易关系中，主要表现在养殖户投入土地、资金、实物生产资料和劳动力等生产要素，并以 TH 公司投资为主，共同建立现代化规模肉牛养殖基地，以构建联结关系更紧密的新型农业经营组织联盟。其中，关系治理机制能够提升这种交易关系的联结强度，TH 公司通过免费提供生产资料、技术指导以及开展培训班和娱乐活动等措施，增强养殖户与公司的社会互动及信任程度（梁远等，2022），使得交易关系更加紧密和稳定。同时，交易双方都投入了较多的专项专用性资产，能够有效地避免养殖户机会行为的产生和确保公司对养殖户的“二次分红”，进而有利于组织模式的有效运营。

4.4.5 案例讨论

农业企业治理能力的提升是推动农业产业化发展的关键。企业控制型肉牛产业组织模式初期交易的缔结、执行和维护，是通过肉牛生产加工企业的交易特性影响与其他经营主体的交易关系，进而匹配有效治理机制的结果。上述 4 个典型肉牛生产加工企业案例展示了关系治理机制的重要性，但肉牛产业组织模式中肉牛生产加工企业的交易特性、交易关系和治理机制的匹配方式也各不相同（表 4－3）。概括 4 个肉牛生产加工企业案例的研究可以发现：第一，市场交易模式和销售合同模式的治理机制中都包含市场机制，鉴于市场背景和交易规模的差异，肉牛生产加工企业与其他经营主体之间的专项专用性投资和交易风险也各不相同，从而形成不同的交易关系，以匹配不同的治理机制。市场交易模式的交易关系主要依靠市场价格机制运转，养殖户则面临着极高的行业风险，该模式的肉牛生产加工企业很难同其他经营主体真正建立长期的交易关系。然而，销售合同模式的交易关系以远期销售合同为主要联结方式，由于声誉约束和社会规范对肉牛生产加工企业的调节作用，当市场价格波动时，可以为养殖户提供基本的价格保障。因此，销售合同模式相比市场交易模式更有利于经营主体之间建立长期的交易关系。第二，销售合同模式和生产管理合同模式的治理机制中都包含商品契约治理机制，且包含的经营主体也基本相同，鉴于肉牛生产加工企业价值链的差异，肉牛生产加工企业与其他经营主体之间的交易特性也各不相同，从而形成不同的交易关系，以匹配不同的治理机制。生产管理合同模式的交易关系以生产管理合同为主要联结方式，相比销售合同模式的远期销售合同，肉牛生产加工企业的专项资产专用性更强，更有利于同其他经营主体建立长期持续的交易关系。因此，生产管理合同模式相比销售合同模式更有利于养殖户融入现代农业价值链活动。第三，生产管理合同模式和准纵向一体化模式都具有高专项资产专用性的交易特性，鉴于经营主体之间生产要素流动规模的差异，肉牛生产加工企业的交易规模以及与其他经营主体的交易风险也各不相同，从而形成不同的交易关系，以匹配不同的治理机制。准纵向一体化模式的交易关系是以生产要素为基础的联结方式，相比生产管理合同模式的契约合同，经营主体之间的生产要素流动规模更大，不仅有利于经营主体之间建立更加紧密的交易关系，还能够有效降低生产经营成本和交易费用。

总体来看，在市场背景、农业企业价值链、生产要素流动规模等方面差异的影响下，肉牛生产加工企业的交易特性各不相同，从而与其他经营主体建立不同的交易关系，并采取 2 种及以上治理机制同时构成复合治理机制，以促进肉牛产业组织模式的可持续发展。相对于其他肉牛产业组织模式，准纵向一体化模式的治理机制，不仅能够使养殖户获得肉牛生产加工企业的"一次让利"，还能有效地避免养殖户机会行为的产生以及确保肉牛生产加工企业对养殖户的"二次分红"，进而有利于肉牛产业组织模式的有效运营。因此，企业控制型肉牛产业组织模式的交易关系与治理机制的演进，不仅体现了农业产业化发展的方向，更展现了规模经济的横向联合与分工经济的纵向延伸，加快了新时期现代农业经营体系的进程。

表 4-3　案例肉牛产业组织模式的比较

	YS公司	JN公司	HX公司	TH公司
肉牛产业组织模式	市场交易模式	销售合同模式	生产管理合同模式	准纵向一体化模式
经营主体	企业＋经纪人＋养殖户；企业＋养殖户	企业＋合作社＋养殖户；企业＋养殖户	企业＋合作社＋养殖户；企业＋养殖户	企业＋合作社＋基地＋养殖户；企业＋基地＋养殖户
交易特性	低专项资产专用性、大交易规模、高交易风险	中等专项资产专用性、小交易规模、中等交易风险	高专项资产专用性、中等交易规模、中等交易风险	高专项资产专用性、大交易规模、低交易风险
交易关系	短期重复交易关系	长期重复交易关系	长期持续交易关系	部分纵向整合交易关系
治理机制	市场机制、关系治理机制	商品契约治理机制、市场机制、关系治理机制	商品契约治理机制、关系治理机制	要素契约治理机制、关系治理机制

4.5　本章小结

本章根据交易费用理论的“交易关系—治理机制”理论分析框架，以Williamson的制度分析框架为基础，试图构建“交易特性—交易关系—治理机制”分析框架，分析肉牛产业组织模式初期的交易问题。本章着重分析肉牛产业组织模式中的市场交易模式、销售合同模式、生产管理合同模式、准纵向一体化模式。通过YS公司、JN公司、HX公司、TH公司4个肉牛生产加工企业的多案例研究，发现不同肉牛产业组织模式在交易特性、经营主体与方式、交易关系的建立与发展，以及治理机制等方面均有较大的差异。

本章进一步探讨了不同交易特性的肉牛生产加工企业与其他经营主体的交易关系，以及如何有效匹配其治理机制，以促进肉牛产业组织模式的可持续发展。研究表明：

第一，在肉牛产业组织模式的初期交易中，不同交易特性的肉牛生产加工企业与其他经营主体形成了不同联结程度的交易关系。并且，不同交易关系匹配的治理机制大多是由 2 种及以上治理机制同时构成的复合治理机制，其中关系治理机制存在于多种交易关系中。

第二，通过考察肉牛产业组织模式中交易关系的建立与发展，在交易关系发展的不同阶段，其匹配的治理机制也有所改变。

第三，在本章考察的 4 种肉牛产业组织模式中，准纵向一体化模式中交易关系匹配的治理机制有利于锁定双边的专用性资产投资，建立要素互换与共赢式利益联结机制，进而节约交易费用，转移养殖户的行业风险。

第5章 交易特性对养殖户肉牛产业组织模式选择的影响研究

肉牛产业组织模式是肉牛产业化发展的重要制度载体，不仅是引领肉牛产业转变粗放型生产方式的重要力量，也是促进小规模肉牛养殖户加入分工经济，融入肉牛产业价值链，实现小规模肉牛养殖户与现代农业有机衔接的重要路径。第4章通过案例的形式对肉牛产业组织模式的类型及其特征进行了分析，发现不同交易特性的肉牛生产加工企业与其他经营主体的交易关系和治理机制有所不同，进而组成了不同的肉牛产业组织模式。本章在此基础上，通过对539份肉牛养殖户的调研数据进行统计分析，从交易特性视角对养殖户肉牛产业组织模式选择进行实证研究。首先，运用多元Logit模型分析交易特性对养殖户肉牛产业组织模式选择的影响；其次，运用多元Probit模型进行稳健性检验；再次，对不同经营规模以及不同肉牛优势产区的养殖户肉牛产业组织模式选择进行异质性讨论；最后，进一步探讨交易特性对养殖户肉牛产业组织模式选择的影响机制，分别探究了组织满意度的调节效应和组织信任度的中介效应，并进行了稳健性检验。

5.1 理论分析与研究假说

养殖户在选择产业组织模式的过程中，在一定程度上会受到自身专用性、规模性和风险性的影响。当养殖户专用性越强，意味着当其退出交易市场时成本增加时，往往需要付出较高的沉没成本，同时也可以用较低成本排斥非专业人员的使用（何一鸣等，2020）。因此，当养殖户愿意进行较高的专用性投资时，其固定资产投入被套牢锁定的可能性较大，倾向于选择以要素契约为联结纽带的紧密型产业组织模式，而不是依靠市场机制或商品契约为合约治理机制的松散型产业组织模式。然而，养殖户规模性越强，意味着同肉牛产业中其他经营主体的交易越频繁，合理配置生产资料的难度就越大（苟茜等，2019）。加入合作社或企业等产业组织，有利于提升养殖户的组织化水平，通过产业组织对农业生产资料的整合，降低生产经营各环节的交易成本，因此倾向于选择依靠除市场交易以外的产业组织模式（黄慧春等，2021）。当养殖户面临高风险性时，意味着其可能面临生产经营风险和交易风险，基于规避风险的假设前提，养殖户需要花费极高的信息成本，以增强对养殖过程的控制（牛文浩等，2022），所以倾向于选择利益联结更紧密的产业组织模式以分担风险。据此，本章提出如下假说：

H1a：当资产专用性较强时，养殖户倾向于选择生产管理合同模式和准纵向一体化模式；

H1b：当规模性较强时，养殖户倾向于选择销售合同模式、生产管理合同模式和准纵向一体化模式；

H1c：当风险性较强时，养殖户倾向于选择生产管理合同模式和准纵向一体化模式。

肉牛产业组织模式中企业一般会对签订契约合同的养殖户在不同程度上提供养殖服务、疫病防治服务、技术培训服务、统一销售服务、融资贷款服务、粪污处理服务、养殖小区服务等多种服务内容。松散型产业组织模式的契约类型大多为市场交易或商品契约，该模式中的企业为养殖户提供的组织服务有限，且交易成本较高，同时服务满意度反馈不及时，容易导致交易纠纷，使养殖户不满产业组织提供的服务内容（罗建强等，2021）。然而，紧密型产业组织模式大多会为养殖户提供更加丰富的服务内容，不仅有利于提高养殖户的经营能力，还能够有效减少养殖户的交易成本，从而实现养殖户共担风险、提升农产品附加值、改善养殖户在交易市场中的弱势地位（钟真等，2021）。因此，当养殖户对产业组织提供各种服务的满意度较高时，倾向于选择利益联结更紧密的产业组织模式。据此，本章提出如下假说：

H2：组织满意度在交易特性影响养殖户选择紧密型产业组织模式（生

产管理合同模式和准纵向一体化模式）中具有调节效应。

养殖户的交易特性越强，面临沉没成本、交易成本和交易风险的可能性越高。基于养殖户追求利益最大化和规避风险的假设前提，养殖户倾向于选择利益联结更紧密的产业组织模式（丁存振等，2019）。从养殖户对组织信任程度的视角来看，养殖户选择产业组织模式也可能受到内在因素的影响，低信任度的养殖户一般无法客观地衡量产业组织所提供信息的真实价值，削弱了对产业组织提供的信息和服务的吸收程度（赵佳佳等，2020；齐琦等，2021）。因此，在破除对产业组织低信任后，当养殖户交易特性相同时，即使出现了利益冲突，也会有更多的理性思考，更倾向于选择相信产业组织，且在正式化的契约关系基础上，多了一种组织化的信任关系，进而增强养殖户同产业组织契约关系的深度和质量（张建雷等，2019）。据此，本章提出如下假说：

H3：组织信任度在交易特性影响养殖户选择紧密型产业组织模式（生产管理合同模式和准纵向一体化模式）中具有中介效应。

5.2 变量选取与模型设定

5.2.1 肉牛养殖户组织满意度测度

肉牛产业组织提供的服务主要包括养殖服务、疫病防治服务、信息服务、技术培训、融资贷款、统一销售、养殖小区、粪污处理服务等，由此构建表征肉牛养殖户组织满意度测度指标体系，具体测度指标见表 5－1。鉴于肉牛养殖户组织满意度各项指标观测值较多，属于耗散结构系统，可以采用熵值法进行赋权分析。本研究所运用的微观调查数据的样本量较少，不适合进行主成分分析和因子分析（刘云菲等，2021）。具体操作如 3.4.1 中运用熵值法对养殖户交易特性进行测度的步骤，在此不再赘述。

利用熵值法对肉牛养殖户组织满意度构成的各个指标的权重进行计算（表 5－2）。表 5－2 各个指标权重的结果显示，在组织满意度指标中，权重最高的是养殖小区服务（0.134 150 1），其次依次是养牛设备供应服务（0.129 178 4）、融资贷款服务（0.091 767 6）、粪污收储服务（0.089 940 1），

表5-1　肉牛养殖户组织满意度评价指标体系

评价指标	指标名称	指标赋值	作用方向
组织满意度	饲料供应服务	对产业组织提供的饲料供应服务满意程度：非常不满意=1，比较不满意=2，一般=3，比较满意=4，非常满意=5	正
	犊牛供应服务	对产业组织提供的犊牛供应服务满意程度：非常不满意=1，比较不满意=2，一般=3，比较满意=4，非常满意=5	正
	种牛供应服务	对产业组织提供的种牛供应服务满意程度：非常不满意=1，比较不满意=2，一般=3，比较满意=4，非常满意=5	正
	养牛设备供应服务	对产业组织提供的养牛设备供应服务满意程度：非常不满意=1，比较不满意=2，一般=3，比较满意=4，非常满意=5	正
	兽药供应服务	对产业组织提供的兽药供应服务满意程度：非常不满意=1，比较不满意=2，一般=3，比较满意=4，非常满意=5	正
	疫病防治服务	对产业组织提供的疫病防治服务满意程度：非常不满意=1，比较不满意=2，一般=3，比较满意=4，非常满意=5	正
	价格信息服务	对产业组织提供的价格信息服务满意程度：非常不满意=1，比较不满意=2，一般=3，比较满意=4，非常满意=5	正
	政策信息服务	对产业组织提供的政策信息服务满意程度：非常不满意=1，比较不满意=2，一般=3，比较满意=4，非常满意=5	正
	技术培训服务	对产业组织提供的技术培训服务满意程度：非常不满意=1，比较不满意=2，一般=3，比较满意=4，非常满意=5	正
	融资贷款服务	对产业组织提供的融资贷款服务满意程度：非常不满意=1，比较不满意=2，一般=3，比较满意=4，非常满意=5	正
	统一销售服务	对产业组织提供的统一销售服务满意程度：非常不满意=1，比较不满意=2，一般=3，比较满意=4，非常满意=5	正
	养殖小区服务	对产业组织提供的养殖小区服务满意程度：非常不满意=1，比较不满意=2，一般=3，比较满意=4，非常满意=5	正
	粪污收储服务	对产业组织提供的粪污收储服务满意程度：非常不满意=1，比较不满意=2，一般=3，比较满意=4，非常满意=5	正
	粪污运输服务	对产业组织提供的粪污运输服务满意程度：非常不满意=1，比较不满意=2，一般=3，比较满意=4，非常满意=5	正
	粪污利用技术服务	对产业组织提供的粪污利用技术服务满意程度：非常不满意=1，比较不满意=2，一般=3，比较满意=4，非常满意=5	正

然而权重最小的是价格信息服务（0.003 999 5）。由此说明产业组织提供的服务中，提升养殖小区服务、养牛设备供应服务、融资贷款服务和粪污收储服务的服务质量，可能更有意义。

表 5-2　肉牛养殖户组织满意度评价指标权重

评价指标	指标名称	权重	权重排名
组织满意度	饲料供应服务	0.035 581 5	11
	犊牛供应服务	0.086 212 7	6
	种牛供应服务	0.085 380 4	8
	养牛设备供应服务	0.129 178 4	2
	兽药供应服务	0.084 109 0	9
	疫病防治服务	0.085 489 3	7
	价格信息服务	0.003 999 5	15
	政策信息服务	0.035 293 8	12
	技术培训服务	0.036 948 6	10
	融资贷款服务	0.091 767 6	3
	统一销售服务	0.006 590 4	13
	养殖小区服务	0.134 150 1	1
	粪污收储服务	0.089 940 1	4
	粪污运输服务	0.006 257 2	14
	粪污利用技术服务	0.089 101 3	5

5.2.2　变量选取

①因变量。第 4 章对肉牛产业组织模式的类型和特征进行了深入分析，为本章奠定了基础，因此本章将 4 种肉牛产业组织模式作为探讨交易特性对养殖户肉牛产业组织模式选择影响因素分析的因变量。因此，养殖户选择市场交易模式，赋值为 1；养殖户选择销售合同模式，赋值为 2；养殖户选择生产管理合同模式，赋值为 3；养殖户选择准纵向一体化模式，赋值为 4。为进一步探究交易特性对养殖户肉牛产业组织模式选择的作用机制，本章将利益联结作为探讨交易特性对养殖户选择不同利益联结紧密程度的产业组织模式的因变量。将养殖户选择市场交易模式或销售合同模式定义为松散型，赋值为 0；养殖户选择生产管理合同模式或准纵向一体化模式定义为紧密

型，赋值为1。

②核心自变量。本章核心自变量为第3章通过熵值法进行测度的专用性、规模性和风险性这3种交易特性。

③调节变量。组织满意度是选择产业组织模式的肉牛养殖户对当前产业组织提供生产服务的总体感受。本章选取组织满意度作为考察交易特性影响养殖户产业组织模式选择的调节变量，并在5.2.1中运用熵值法进行赋权分析，最终得到组织满意度变量。

④中介变量。组织信任度是肉牛养殖户对产业组织运行效率和运行方式的信心，也是一种信任判断或绩效评价。本章选取组织信任度作为考察交易特性影响养殖户产业组织模式选择的中介变量，并采用Likert五级量表进行测度，从1到5表示从非常不信任到非常信任。

⑤控制变量。借鉴相关文献，为避免外界环境对养殖户产业组织模式选择的影响，本章选取养殖户个体特征变量和家庭特征变量作为控制变量。其中，养殖户个体特征变量包括户主年龄、性别、受教育程度、肉牛养殖原因；家庭特征变量包括是否村干部。此外，不同区域之间可能存在差异，本章还引入了肉牛优势产区变量。

以上5类变量的具体定义及描述性统计结果见表5-3。

表5-3　变量含义及描述性统计

变量类型	变量名称	含义及赋值	均值	标准差	最小值	最大值
因变量	产业组织模式	市场交易模式=1，销售合同模式=2，生产管理合同模式=3，准纵向一体化模式=4	2.078	0.876	1	4
	利益联结*	松散型（市场交易模式或销售合同模式）=0，紧密型（生产管理合同模式或准纵向一体化模式）=1	0.285	0.436	0	1
核心自变量	专用性	根据熵值法测度	0.329	0.162	0.012	0.901
	规模性	根据熵值法测度	0.146	0.189	0	1
	风险性	根据熵值法测度	0.562	0.247	0	1
调节变量	组织满意度	根据熵值法测度	0.435	0.264	0	1
中介变量	组织信任度	非常不信任=1，比较不信任=2，一般=3，比较信任=4，非常信任=5	3.294	1.120	1	5

（续）

变量类型	变量名称	含义及赋值	均值	标准差	最小值	最大值
控制变量	年龄	实际年龄（岁）	48.768	8.747	23	76
	性别	女=0，男=1	0.779	0.358	0	1
	受教育程度	小学=1，初中=2，高中=3，大专或本科=4，硕士及以上=5	2.241	0.937	1	5
	是否村干部	家庭成员中是否有村干部，否=0，是=1	0.082	0.306	0	1
	肉牛养殖原因	家庭传统养殖=1，跟风养殖=2，肉牛养殖效益好=3，政府引导=4，合作社或龙头企业引导=5	3.026	1.190	1	5
	肉牛优势产区	东北优势区=1，中原优势区=2，西北优势区=3，西南优势区=4	2.199	1.016	1	4

注：* 变量用于5.4交易特性对养殖户肉牛产业组织模式选择的影响机制分析。

5.2.3 模型设定

（1）多元 Logit 模型

本章将产业组织模式作为因变量，包括市场交易模式、销售合同模式、生产管理合同模式和准纵向一体化模式这4种选择行为。由于养殖户选择肉牛产业组织模式可以被看作是以利益最大化作为主要目标的选择过程，且彼此之间没有排序关系，因此本章采用无序多分类 Logit 模型（多元 Logit 模型）。养殖户肉牛产业组织模式选择模型可定义如下：

$$P(g_i = j \mid f_i) = \frac{\exp(f_i\beta_i)}{\sum_{k=1}^{j}\exp(f_i\beta_k)} \tag{5-1}$$

式（5-1）中，P 表示第 i 个养殖户选择第 j 种肉牛产业组织模式的概率；g_i 是产业组织模式；f_i 表示专用性、风险性和规模性等自变量以及养殖户个体特征和家庭特征等控制变量；β 表示估计系数；k 表示可供养殖户选择的肉牛产业组织模式，取值 $\{1,2,3,4\}$ 。在无序多分类中，不能同时识别所有的待估系数 β_k ，需要建立 $g_i = k$ 为对照组进行估计，整理式（5-1）为

$$P(g_i = j \mid g_i = k) = \frac{P(g_i = j)}{P(g_i = k) + P(g_i = j)} = \frac{\exp(f_i\beta_j)}{1 + \exp(f_i\beta_j)} \tag{5-2}$$

相对应的风险比率为

$$\frac{P(g_i=j)}{P(g_i=k)}=\exp(f_i\beta_j) \tag{5-3}$$

对式（5－3）两边取自然对数得到对数概率比：

$$\ln\frac{P(g_i=j)}{P(g_i=k)}=f_i\beta_j \tag{5-4}$$

将交易特性变量和控制变量带入式（5－4），即得养殖户肉牛产业组织模式选择模型：

$$\ln\frac{P_j}{P_k}=\beta_0+\beta_iF_i+\beta_iZ_i+\varepsilon_i \tag{5-5}$$

式（5－5）中，F_i 表示交易特性变量，包括专用性、规模性、风险性；Z_i 表示控制变量；β_0 、β_i 为待估计系数；ε_i 为随机误差项。估计系数只反映交易特性变量的作用方向，不能反映随着交易特性变量的变化，养殖户肉牛产业组织模式选择的概率变化，即自变量的边际效应。为了能够衡量不同不确定性因素的边际效应，设定方程如下：

$$\frac{\partial P_k}{\partial x}=P_k(\beta_k-\sum_{k=1}^{k-1}P_k\beta_k) \tag{5-6}$$

（2）二元 Logit 模型

肉牛养殖户的交易特性主要包含专用性、规模性和风险性，其特性的强弱会影响肉牛产业组织模式选择。然而，利益联结机制更紧密的肉牛产业组织模式，可能提供养殖户更全面的肉牛养殖服务。因此，当同等交易特性的肉牛养殖户，获得产业组织提供的更全面的服务且满意度较高，则会倾向于选择利益联结机制更紧密的产业组织模式。换言之，交易特性强弱异质对养殖户肉牛产业组织模式选择的影响，会受到组织满意度的调节。鉴于此，本章设立考虑组织满意度的交易特性对养殖户选择利益联结的影响模型（5－7）和组织满意度调节交易特性对养殖户选择利益联结的影响模型（5－8）：

$$G_i=\beta_0+\sum_{n=1}\beta_{1n}F_{ni}+\beta_2T_i+\sum_{n=1}\beta_{3n}Z_{ni}+\varepsilon_i \tag{5-7}$$

$$G_i=\beta_0+\sum_{n=1}\beta_{1n}F_{ni}+\beta_2T_i+\sum_{n=1}\beta_{3n}(F_{ni}\times T_i)+\sum_{n=1}\beta_{4n}Z_{ni}+\varepsilon_i \tag{5-8}$$

式（5－7）和（5－8）中，F_i 是交易特性变量，包括专用性、规模性、风险性；T_i 是组织满意度；G_i 是利益联结，为本研究的因变量，且是二元选择变量；Z_i 是控制变量，包括年龄、性别、受教育程度、是否村干部、肉牛养殖原因、肉牛优势产区等养殖户个体特征和家庭特征变量；ε_i 是随机误差项。鉴于本章的因变量是二元选择变量，故采用二元 Logit 模型进行回归分析。

(3) 中介效应检验模型

通过检验组织信任度的中介效应，可以揭示交易特性对养殖户肉牛产业组织模式选择的作用机制。Zhang 等（2018）认为中介效应的检验，相比结构方程模型，层次回归分析法更为适合，具体原理是：在自变量 F 对因变量 G 产生影响时，如果存在 F 通过 M 对 G 产生作用，则 M 为中介变量。据此，本研究结合温忠麟等（2004），以及 Baron 和 Kenny（1986）的中介效应检验方法，设定方程如下：

$$G = \alpha_1 + c_1 F + \beta_1 Z + \varepsilon_1 \tag{5-9}$$

$$M = \alpha_2 + c_2 F + \beta_2 Z + \varepsilon_2 \tag{5-10}$$

$$G = \alpha_3 + c_3 F + bM + \beta_3 Z + \varepsilon_3 \tag{5-11}$$

式（5-9）～（5-11）中，G 是因变量利益联结；F 是自变量交易特性，包括专用性、规模性、风险性；M 是中介变量组织信任度；Z 是控制变量养殖户个体特征和家庭特征变量；c_1 是交易特性对养殖户选择不同利益联结紧密程度的产业组织模式的回归系数，c_2 是交易特性对组织信任度的回归系数，c_3 是引入中介变量后交易特性对养殖户选择不同利益联结紧密程度的产业组织模式的回归系数；b 是组织信任度对养殖户选择不同利益联结紧密程度的产业组织模式的回归系数；α_1 、α_2 、α_3 表示常数项；ε_1 、ε_2 、ε_3 表示随机误差项。

5.3 交易特性对养殖户肉牛产业组织模式选择的影响分析

本章利用全国 11 个省份 539 份肉牛养殖户调研数据，运用统计软件 Stata15.1 进行多元 Logit 模型进行回归分析，探究交易特性对养殖户肉牛产业组织模式选择的影响，估计结果见表 5-4、表 5-5。由于多元 Logit 模型的估计结果（表 5-4）只能反映交易特性变量的作用方向，因而本研究侧重于讨论多元 Logit 模型的边际效应（表 5-5）。同时，本研究对所有回归都采用了稳健估计，且 Pseudo R^2 为 0.205，说明自变量对因变量的解释程度较高。

5.3.1　交易特性对养殖户肉牛产业组织模式选择影响的实证分析

根据表5-4的估计结果，从销售合同模式来看，规模性对养殖户选择销售合同模式在1%水平上呈正向显著影响，也就是说，相比市场交易模式，肉牛养殖户规模性越强，其越倾向于选择销售合同模式。从生产管理合同模式来看，专用性对养殖户选择生产管理合同模式在5%水平上呈正向显著影响，规模性和肉牛养殖原因对养殖户选择生产管理合同模式在1%水平上呈正向显著影响，年龄对养殖户选择生产管理合同模式在10%水平上呈正向显著影响，性别对养殖户选择生产管理合同模式在10%水平上呈负向显著影响。换言之，相比市场交易模式，肉牛养殖户专用性、规模性越强，其越倾向于选择生产管理合同模式。同时年龄较大的女性养殖户，以及肉牛养殖原因为政府、合作社或企业引导的养殖户也更倾向于选择生产管理合同模式。从准纵向一体化模式来看，专用性、年龄、肉牛养殖原因对养殖户选择准纵向一体化模式在1%水平上呈正向显著影响，风险性和受教育程度对养殖户选择准纵向一体化模式在5%水平上呈正向显著影响，规模性对养殖户选择准纵向一体化模式在10%水平上呈正向显著影响。换句话说，相比市场交易模式，肉牛养殖户专用性、规模性和风险性越强，其越倾向于选择准纵向一体化模式。同时受教育水平较高、年龄较大，且肉牛养殖原因为政府、合作社或企业引导的养殖户也更倾向于选择准纵向一体化模式。

表5-4　交易特性对养殖户肉牛产业组织模式选择影响的估计结果

变量名称	销售合同模式		生产管理合同模式		准纵向一体化模式	
	系数	标准误	系数	标准误	系数	标准误
专用性	−0.747	0.771	1.977**	0.953	6.335***	1.495
规模性	3.138***	0.846	3.545***	0.915	2.197*	1.156
风险性	0.716	0.442	0.544	0.553	1.987**	0.857
年龄	0.008	0.013	0.029*	0.017	0.074***	0.025
性别	−0.146	0.317	−0.704*	0.365	0.077	0.576
受教育程度	−0.032	0.130	0.165	0.157	0.484**	0.223

（续）

变量名称	销售合同模式		生产管理合同模式		准纵向一体化模式	
	系数	标准误	系数	标准误	系数	标准误
是否村干部	0.461	0.427	0.230	0.561	0.255	0.732
肉牛养殖原因	−0.028	0.096	0.433***	0.124	2.068***	0.246
肉牛优势产区	已控制		已控制		已控制	
Pseudo R^2	0.205					
Log likelihood	−562.568					
N	539					

注：*、**、***分别表示在10%、5%、1%的统计水平上显著。

为了能够更深入地分析交易特性对养殖户肉牛产业组织模式选择的概率变化，接下来将从专用性、规模性、风险性以及养殖户个体特征和家庭特征等控制变量角度，探究交易特性对养殖户肉牛产业组织模式选择的影响。通过报告多元Logit模型的平均边际效应，可以更加直接观察到交易特性对养殖户选择产业组织模式的影响（表5-5）。当所有解释变量都处于均值时，专用性水平每提高1个单位，养殖户选择准纵向一体化模式的可能性显著增加0.443，且在1%统计水平上显著，假说H1a得到部分验证。同理，规模性水平每提高1个单位，养殖户选择销售合同模式、生产管理合同模式、准纵向一体化模式的可能性分别增加0.245、0.351、0.122，验证了假说H1b。类似地，风险性水平每提高1个单位，养殖户选择准纵向一体化模式的可能性增加0.154，然而生产管理合同模式未能通过显著性检验，可能的原因是该模式采用二元治理机制（商品契约治理机制与关系治理机制），虽然有利于建立稳定的、实现双方共赢的紧密型利益联结关系，但在某些情境下的强替代会带来“挤出效应”（陈勇强和祁春节，2021）。因此，养殖户为了规避生产经营风险，倾向于选择依靠要素契约为联结纽带的准纵向一体化模式，假说H1c得到部分验证。交易特性强弱能够有效影响养殖户选择产业组织模式，提升养殖户的交易特性水平有利于选择利益联结更紧密的产业组织模式。养殖户可以利用其强专用性的特性，以入股的形式加入肉牛产业组织，既能提升养殖户的谈判能力，还能保证企业对养殖户的“一次让利”。在这种紧密的利益联结关系下，不仅能够有效避免养殖户的机会主义行为，还有利于保障企业对养殖户的“二次分红”，所以养殖户更倾向选择准纵向一体化模式。强规模性的养殖户意味着其经营能力较强，通过养殖特色优质品种的肉牛追求高附加值收益，更倾向于选择紧密型产业组织模式。鉴于肉牛生产活动不仅具有最基本的农业生产活动风险，还有不可控因素造成的投入与产出之间的经营风险，通常肉牛产业组织会为签约养殖户提供一定的生产服务，然而那些选择利益联结更为紧密的产业组织模式的则会为养殖户提供更丰富的生产服务，对养殖户起到规避风险的作用，所以养殖户倾向于选择准纵向一体化模式。总的来说，养殖户交易特性水平越高，越倾向于选择生产管理合同模式或准纵向一体化模式，这与丁存振等（2019）与苟茜等（2019）的结论基本一致。

在控制变量中，年龄较大的养殖户更厌恶风险，其选择准纵向一体化模式的可能性显著提升。女性养殖户相比男性养殖户，选择生产管理合同模式的可能性显著提高。可能的原因为，女性养殖户具有一定的性别优势，其从事肉牛养殖活动更加细心，出栏肉牛的品质会更好，同时也意味着其倾向于选择养殖特色优质品种肉牛，以追求高附加值的收益，这与实地调研情况相符。受教育程度较高的养殖户相比受教育程度低的养殖户更愿意接受新鲜事物（Fischer 等，2012），倾向于选择准纵向一体化模式。肉牛养殖原因为政府、合作社或企业引导的养殖户，更倾向于选择准纵向一体化模式，可能的原因是这类养殖户对产业组织的信任度较高，所以倾向于选择利益联结更紧密的产业组织模式。

表 5-5　交易特性对养殖户肉牛产业组织模式选择影响的边际效应

变量名称	市场交易模式		销售合同模式		生产管理合同模式		准纵向一体化模式	
	边际效应	标准误	边际效应	标准误	边际效应	标准误	边际效应	标准误
专用性	−0.096	0.125	−0.462***	0.133	0.115	0.111	0.443***	0.099
规模性	−0.719***	0.140	0.245*	0.127	0.351***	0.084	0.122*	0.065
风险性	−0.184**	0.075	0.037	0.083	−0.007	0.067	0.154***	0.059
年龄	−0.003	0.002	−0.002	0.002	0.002	0.002	0.004***	0.001
性别	0.051	0.054	0.015	0.056	−0.093**	0.041	0.027	0.031
受教育程度	−0.010	0.022	−0.028	0.024	0.013	0.019	0.026**	0.012
是否村干部	−0.072	0.075	0.077	0.075	−0.005	0.065	−0.000	0.039
肉牛养殖原因	−0.045***	0.014	−0.077***	0.015	0.008	0.011	0.114***	0.009

（续）

变量名称	市场交易模式		销售合同模式		生产管理合同模式		准纵向一体化模式	
	边际效应	标准误	边际效应	标准误	边际效应	标准误	边际效应	标准误
肉牛优势产区	已控制		已控制		已控制		已控制	
Pseudo R^2	0.205							
Log likelihood	−562.568							
N	539							

注：*、**、***分别表示在10%、5%、1%的统计水平上显著。

5.3.2 稳健性检验

为了检验交易特性对养殖户肉牛产业组织模式选择影响结果的有效性，本研究采用更换回归模型的方法进行检验，将原来的多元Logit模型更换为多元Probit模型，以检验估计结果的稳健性。从表5-6和表5-7的估计结果来看，无论是多元Probit模型的估计结果，还是多元Probit模型边际效应的估计结果，其作用方向和显著性都与前文（表5-4和表5-5）的估计结果基本一致。由此说明，本研究更换回归模型之后的实证分析结果稳健。

表5-6 多元Probit模型的估计结果

变量名称	销售合同模式		生产管理合同模式		准纵向一体化模式	
	系数	标准误	系数	标准误	系数	标准误
专用性	−0.643	0.611	1.222*	0.684	4.009***	0.951
规模性	2.195***	0.593	2.518***	0.620	1.513**	0.737
风险性	0.613*	0.352	0.433	0.401	1.308**	0.549
年龄	0.006	0.011	0.018	0.012	0.042***	0.359
性别	−0.088	0.250	−0.527**	0.268	0.185	0.576
受教育程度	−0.021	0.103	0.111	0.115	0.282*	0.144
是否村干部	0.302	0.337	0.088	0.400	0.140	0.483
肉牛养殖原因	−0.031	0.075	0.268***	0.084	1.049***	0.122
肉牛优势产区	已控制		已控制		已控制	
Log likelihood	−574.858					
Wald chi² (27)	176.78					
N	539					

注：*、**、***分别表示在10%、5%、1%的统计水平上显著。

表 5-7　多元 Probit 模型边际效应的估计结果

变量名称	市场交易模式		销售合同模式		生产管理合同模式		准纵向一体化模式	
	边际效应	标准误	边际效应	标准误	边际效应	标准误	边际效应	标准误
专用性	−0.105	0.127	−0.454***	0.134	0.113	0.111	0.446***	0.097
规模性	−0.643***	0.120	0.178*	0.095	0.342***	0.087	0.123*	0.067
风险性	−0.202***	0.075	0.045	0.083	−0.002	0.067	0.160***	0.057
年龄	−0.003	0.002	−0.001	0.002	−0.001	0.002	0.003**	0.001
性别	0.054	0.054	0.030	0.056	−0.090**	0.043	0.006	0.033
受教育程度	−0.012	0.022	−0.026	0.024	0.019	0.019	0.026**	0.013
是否村干部	−0.054	0.074	0.069	0.077	−0.015	0.067	−0.000	0.044
肉牛养殖原因	−0.042***	0.015	−0.072***	0.015	0.013	0.012	0.101***	0.010
肉牛优势产区	已控制		已控制		已控制		已控制	
Log likelihood	−574.858							
Wald chi^2 (27)	176.78							
N	539							

注：*、**、***分别表示在 10%、5%、1%的统计水平上显著。

5.3.3　异质性分析

通过前文规模性对养殖户肉牛产业组织模式选择的影响的研究发现，不同规模性对养殖户肉牛产业组织模式选择的影响是有差异的；因此本章详细讨论养殖户经营规模异质性的差异。同时还考虑养殖户地区差异对肉牛产业组织模式选择的影响，详细讨论养殖户不同肉牛优势区异质性的差异。本章根据样本地区实际情况以及现有文献的界定（刘森挥，2019），将样本养殖户的年出栏肉牛数量作为经营规模的测度变量，将养殖户经营规模划分为 1～19 头、20～49 头、50～299 头、300 头以上，其样本量分别为 188 户、142 户、164 户、45 户。另外，本章根据农业农村部印发的《“十四五”全国畜牧兽医行业发展规划》以及现有文献的界定（李俊茹等，2019；田露和张越杰，2010），将我国肉牛优势区划分为东北优势区、中原优势区、西北优势区、西南优势区，其样本量分别为 165 户、172 户、132 户、70 户。

(1) 交易特性对不同经营规模养殖户肉牛产业组织模式选择的影响

①专用性对不同经营规模养殖户肉牛产业组织模式选择的影响分析。从

表 5-8 的估计结果可知，经营规模在 1～19 头的养殖户的专用性提升 1 个单位，选择生产管理合同模式和准纵向一体化模式的可能性分别增加 0.338 和 0.200，且分别在 5%统计水平上显著和 1%统计水平上显著。经营规模在 50～299 头的养殖户的专用性提升 1 个单位，选择准纵向一体化模式的可能性增加 0.547，且在 1%统计水平上显著。经营规模在 300 头以上的养殖户的专用性提升 1 个单位，选择生产管理合同模式和准纵向一体化模式的可能性分别增加 0.881 和 0.650，且都在 10%统计水平上显著。上述结论表明，经营规模在 50 头以下的小规模养殖户，随着专用性的提升，更倾向于选择生产管理合同模式和准纵向一体化模式。经营规模在 50 头以上的规模化养殖户，随着专用性的提升，更倾向于选择准纵向一体化模式。

②规模性对不同经营规模养殖户肉牛产业组织模式选择的影响分析。从表 5-8 的估计结果可知，经营规模在 1～19 头的养殖户的规模性提升 1 个单位，选择准纵向一体化模式的可能性增加 0.252，且在 10%统计水平上显著。经营规模在 20～49 头的养殖户的规模性提升 1 个单位，选择生产管理合同模式的可能性增加 0.544，且在 5%统计水平上显著。经营规模在 50～299 头的养殖户的规模性提升 1 个单位，选择生产管理合同模式的可能性增加 0.366，且在 5%统计水平上显著。上述结论表明，经营规模在 50 头以下的小规模养殖户，随着规模性的提升，倾向于选择生产管理合同模式和准纵向一体化模式。经营规模在 50 头以上的规模化养殖户，随着规模性的提升，倾向于选择生产管理合同模式。

表 5-8　交易特性对不同经营规模养殖户肉牛产业组织模式选择影响的边际效应

产业组织模式	交易特性	经营规模			
		1～19 头	20～49 头	50～299 头	300 头以上
市场交易模式	专用性	−0.075	−0.030	−0.163	−0.578
		(0.236)	(0.282)	(0.192)	(0.442)
	规模性	−0.555	−0.469	−0.245	−0.481
		(0.778)	(0.407)	(0.169)	(0.333)
	风险性	−0.415***	0.039	0.246*	−0.626*
		(0.137)	(0.155)	(0.139)	(0.334)
	控制变量	已控制			
	肉牛优势产区	已控制			

（续）

产业组织模式	交易特性	经营规模			
		1～19 头	20～49 头	50～299 头	300 头以上
销售合同模式	专用性	−0.463**	−0.432	−0.228	−0.952*
		(0.226)	(0.292)	(0.241)	(0.547)
	规模性	0.140	0.122	0.175	0.462
		(0.673)	(0.401)	(0.209)	(0.423)
	风险性	0.255*	−0.030	−0.076	0.409
		(0.134)	(0.163)	(0.151)	(0.506)
	控制变量	已控制			
	肉牛优势产区	已控制			
生产管理合同模式	专用性	0.338**	0.386	−0.156	0.881*
		(0.149)	(0.237)	(0.225)	(0.498)
	规模性	0.163	0.544**	0.366**	−0.073
		(0.276)	(0.257)	(0.186)	(0.282)
	风险性	0.159	−0.070	−0.267**	−0.208
		(0.098)	(0.131)	(0.127)	(0.377)
	控制变量	已控制			
	肉牛优势产区	已控制			
准纵向一体化模式	专用性	0.200***	0.076	0.547***	0.650*
		(0.072)	(0.149)	(0.162)	(0.387)
	规模性	0.252*	−0.197	−0.296**	0.093
		(0.150)	(0.255)	(0.131)	(0.321)
	风险性	0.001	0.061	0.098	0.424
		(0.059)	(0.085)	(0.084)	(0.567)
	控制变量	已控制			
	肉牛优势产区	已控制			
	Pseudo R^2	0.255	0.159	0.324	0.369
	Log likelihood	−164.769	−149.679	−147.666	−38.431
	N	188	142	164	45

注：括号内数值为标准误；*、**、***分别表示在 10%、5%、1%的统计水平上显著。

③风险性对不同经营规模养殖户肉牛产业组织模式选择的影响分析。

从表5－8的估计结果可知，经营规模在1～19头的养殖户的风险性提升1个单位，选择销售合同模式的可能性增加0.255，且在10％统计水平上显著。经营规模在50～299头的养殖户的风险性提升1个单位，其选择市场交易模式的可能性增加0.246，且在10％统计水平上显著。经营规模在300头以上的养殖户的风险性提升1个单位，其不选择市场交易模式的可能性增加0.626，且在10％统计水平上显著。上述结论表明，经营规模在50头以下的小规模养殖户，随着风险性的提升，倾向于选择销售合同模式。经营规模在50～299头的规模化养殖户，随着风险性的提升，倾向于选择市场交易模式。经营规模在300头以上的规模化养殖户，随着风险性的提升，倾向于不选择市场交易模式。

（2）交易特性对不同肉牛优势产区养殖户肉牛产业组织模式选择的影响

①专用性对不同肉牛优势产区养殖户肉牛产业组织模式选择的影响分析。从表5－9的估计结果可知，对于在中原优势区的养殖户，养殖户专用性提升1个单位，其选择准纵向一体化模式的可能性增加0.585，且在1％统计水平上显著。上述结论表明，随着养殖户专用性的提升，在中原优势区的养殖户更倾向于选择准纵向一体化模式。

②规模性对不同肉牛优势产区养殖户肉牛产业组织模式选择的影响分析。从表5－9的估计结果可知，对于在东北优势区的养殖户，养殖户规模性提升1个单位，其选择销售合同模式和生产管理合同模式的可能性分别增加1.572和0.492，且都在5％统计水平上显著。对于在中原优势区的养殖户，养殖户规模性提升1个单位，其选择生产管理合同模式的可能性增加0.277，且在10％统计水平上显著。对于在西北优势区的养殖户，养殖户规模性提升1个单位，其选择销售合同模式的可能性增加0.647，且在5％统计水平上显著。上述结论表明，随着养殖户规模性的提升，在东北优势区的养殖户更倾向于选择销售合同模式，在中原优势区的养殖户倾向于选择生产管理合同模式，西北优势区的养殖户倾向于选择销售合同模式。

③风险性对不同肉牛优势产区养殖户肉牛产业组织模式选择的影响分析。从表5－9的估计结果可知，对于在西北优势区的养殖户，养殖户风险性提升1个单位，其选择销售合同模式的可能性增加0.647，且在1％

统计水平上显著。对于在西南优势区的养殖户，养殖户风险性提升1个单位，其选择市场交易模式的可能性增加0.509，且在5%统计水平上显著。上述结论表明，随着养殖户风险性的提升，在西北优势区的养殖户倾向于选择销售合同模式，而在西南优势区的养殖户倾向于选择市场交易模式。

表5-9 交易特性对不同肉牛优势产区养殖户肉牛产业组织模式选择影响的边际效应

产业组织模式	交易特性	肉牛优势产区			
		东北优势区	中原优势区	西北优势区	西南优势区
市场交易模式	专用性	−0.200	−0.293	0.174	−0.228
		(0.323)	(0.200)	(0.233)	(0.447)
	规模性	−2.118***	−0.221	−0.432	−0.267
		(0.715)	(0.156)	(0.396)	(0.382)
	风险性	−0.031	0.110	−0.750***	0.509**
		(0.155)	(0.111)	(0.126)	(0.228)
	控制变量	已控制			
	肉牛优势产区	—			
销售合同模式	专用性	−0.319	−0.354	−0.495**	−0.176
		(0.329)	(0.243)	(0.223)	(0.431)
	规模性	1.572**	0.055	0.647**	0.483
		(0.661)	(0.186)	(0.327)	(0.335)
	风险性	0.048	−0.095	0.647***	−0.689***
		(0.159)	(0.143)	(0.126)	(0.195)
	控制变量	已控制			
	肉牛优势产区	—			
生产管理合同模式	专用性	0.234	0.061	0.321	0.317
		(0.190)	(0.214)	(0.228)	(0.412)
	规模性	0.492**	0.277*	−0.215	−0.252
		(0.214)	(0.165)	(0.375)	(0.298)
	风险性	−0.032	−0.187	0.103	0.132
		(0.084)	(0.130)	(0.142)	(0.205)
	控制变量	已控制			
	肉牛优势产区	—			

（续）

产业组织模式	交易特性	肉牛优势产区			
		东北优势区	中原优势区	西北优势区	西南优势区
准纵向一体化模式	专用性	0.285	0.585***	0.000	0.087
		(0.186)	(0.166)	(0.016)	(0.205)
	规模性	0.054	−0.112	−0.000	0.036
		(0.156)	(0.121)	(0.002)	(0.158)
	风险性	0.016	0.173	0.000	0.048
		(0.054)	(0.121)	(0.001)	(0.118)
	控制变量	已控制			
	肉牛优势产区	—			
	Pseudo R^2	0.181	0.208	0.432	0.317
	Log likelihood	−142.178	−183.497	−99.296	−61.223
	N	165	172	132	70

注：括号内数值为标准误；*、**、*** 分别表示在10%、5%、1%的统计水平上显著。

5.4 交易特性对养殖户肉牛产业组织模式选择的影响机制分析

根据前文分析，交易特性会影响养殖户肉牛产业组织模式选择，且交易特性不同的养殖户会选择不同的产业组织模式。为了进一步揭示交易特性对养殖户肉牛产业组织模式选择的作用机制，本章采用二元Logit模型和中介效应检验模型进行实证分析，估计组织满意度和组织信任度在交易特性对养殖户肉牛产业组织模式选择影响中的调节效应和中介效应，估计结果见表5-10和表5-11。

5.4.1 组织满意度的调节效应分析

从表5-10可知，随着养殖户的专用性、规模性、风险性和组织满意度的提升，养殖户会更倾向于选择利益联结机制更紧密的肉牛产业组织模式。组织满意度在交易特性对养殖户选择不同利益联结紧密程度的产业组织模式调节效应的回归结果中，回归（1）中引入了调节变量组织满意度时，养殖户的专用性、规模性、风险性对产业组织模式选择具有显著的正向影响；回归（2）、（3）、（4）中交易特性与组织满意度的交互项显著且系数为正；回归（5）将交易特性与组织满意度的交互项同时放入回归中，其作用方向和显著性与回归（2）、（3）、（4）一致，说明组织满意度变量存在调节效应。上述结论表明，养殖户的组织满意度越高，交易特性对养殖户选择紧密型产业组织模式的正向影响越强。由此，验证了假说 H2。可能的解释为，当养殖户对产业组织提供服务的满意度越高，参与服务的积极性越高，越倾向于选择能够提供更多养殖服务的紧密型产业组织模式，并具有帮助养殖户节约交易成本、规避市场风险、打破信息壁垒等附加功能。

表 5-10　组织满意度的调节效应

变量名称	利益联结				
	（1）	（2）	（3）	（4）	（5）
专用性	2.847**	1.107**	2.832**	3.236**	1.649*
	（1.264）	（0.461）	（1.271）	（1.313）	（0.908）
规模性	2.218***	2.368***	0.940**	2.236**	1.661**
	（0.835）	（0.915）	（0.393）	（0.881）	（0.676）
风险性	1.416**	1.660***	1.358**	0.158**	0.597**
	（0.591）	（0.625）	（0.577）	（0.066）	（0.248）
组织满意度	8.124***	8.243***	8.126***	8.229***	8.288***
	（0.743）	（0.779）	（0.779）	（0.781）	（0.820）
专用性 * 组织满意度	—	9.241**	—	—	7.881**
		（3.789）			（3.217）
规模性 * 组织满意度	—	—	8.477**	—	4.587**
			（3.562）		（1.880）
风险性 * 组织满意度	—	—	—	6.098***	5.021***
				（2.035）	（1.942）
控制变量	已控制	已控制	已控制	已控制	已控制
肉牛优势产区	已控制	已控制	已控制	已控制	已控制
Pseudo R^2	0.633	0.639	0.640	0.640	0.648
Log likelihood	−124.442	−122.257	−121.973	−122.003	−119.330
N	539	539	539	539	539

注：括号内数值为标准误；*、**、***分别表示在10%、5%、1%的统计水平上显著。

5.4.2 组织信任度的中介效应分析

为验证组织信任度在交易特性对养殖户肉牛产业组织模式选择的中介效应，本章采用层次回归分析法，首先验证交易特性对养殖户选择肉牛产业组织模式利益联结机制的影响，然后验证交易特性对组织信任度的影响，最后将组织信任度引入模型，验证交易特性对养殖户选择肉牛产业组织模式利益联结机制的影响。

表 5-11 组织信任度的中介效应

变量名称	专用性			规模性			风险性		
	(1)	(2)	(3)	(4)	(5)	(6)	(7)	(8)	(9)
	Y	M	Y	Y	M	Y	Y	M	Y
专用性	0.695*** (0.110)	0.569** (0.266)	0.626*** (0.105)	—	—	—	—	—	—
规模性	—	—	—	0.426*** (0.087)	0.882*** (0.216)	0.331*** (0.089)	—	—	—
风险性	—	—	—	—	—	—	0.139** (0.068)	0.330** (0.117)	0.107** (0.052)
组织信任度	—	—	0.121*** (0.017)	—	—	0.116*** (0.020)	—	—	0.133*** (0.022)
控制变量	已控制			已控制			已控制		
肉牛优势产区	已控制			已控制			已控制		
Adj - R^2	0.263	0.157	0.325	0.225	0.169	0.288	0.252	0.158	0.278
N	539	539	539	539	539	539	539	539	539
Sobel 检验	p=0.041<0.05，中介效应成立			p=0.001<0.05，中介效应成立			p=0.036<0.05，中介效应成立		
中介效应	0.069			0.102			0.044		
总效应	0.695			0.426			0.139		
中介效应比例	0.099			0.239			0.317		

注：括号内数值为标准误；*、**、***分别表示在10%、5%、1%的统计水平上显著。

养殖户选择产业组织模式是一个复杂的动态过程，为检验组织信任度对交易特性影响养殖户选择不同利益联结紧密程度的产业组织模式的中介效应，将利益联结作为被解释变量进行回归分析。本章采用层次回归分析法验证养殖户组织信任度的中介效应，即分析“交易特性通过组织信任度影响养殖户选择产业组织模式”的作用路径。表5-11的检验结果表明，在专用性影响养殖户产业组织模式选择的过程中，存在显著以组织信任度为中介变量的部分中介效应，该中介效应占总效应的9.9%。类似地，在规模性影响养殖户选择产业组织模式的过程中，存在显著的以组织信任度为中介变量的部分中介效应，该中介效应占总效应的23.9%。同时，在风险性影响养殖户选择产业组织模式的过程中，存在显著的以组织信任度为中介变量的部分中介效应，该中介效应占总效应的31.7%。上述结论表明，交易特性不仅对养殖户选择产业组织模式产生直接影响，还会通过组织信任度对养殖户选择紧密型产业组织模式产生间接影响。由此，验证了假说H3。换句话说，当养殖户对组织信任度较高时，其对产业组织提供的信息、服务和生产技术等方面的认可和吸纳程度较高，通过增强与技术相匹配的物资供应、技术传递、共担风险等多种手段，提高流通效率、提升农产品附加值、改善养殖户在交易市场中的弱势地位。

5.4.3　稳健性检验

为了检验组织满意度对交易特性影响养殖户肉牛产业组织模式选择的调节效应的有效性，本研究采用更换回归模型的方法进行检验，将原来的多元Logit模型更换为多元Probit模型，以检验估计结果的稳健性。从表5-12的估计结果来看，其作用方向和显著性都与前文（表5-10）的估计结果基本一致。由此说明，组织满意度的调节效应，更换回归模型之后的实证分析结果稳健。

表5-12　二元Probit模型的调节效应检验

变量名称	利益联结				
	(1)	(2)	(3)	(4)	(5)
专用性	1.543**	0.689**	1.509**	1.742***	1.002**
	(0.635)	(0.281)	(0.631)	(0.654)	(0.449)

（续）

变量名称	利益联结				
	(1)	(2)	(3)	(4)	(5)
规模性	1.172***	1.203**	0.609*	1.143**	0.906***
	(0.452)	(0.483)	(0.367)	(0.470)	(0.349)
风险性	0.742**	0.863**	0.702**	0.142**	0.346**
	(0.327)	(0.340)	(0.316)	(0.058)	(0.144)
组织满意度	4.491***	4.527***	4.428***	4.494***	4.479***
	(0.354)	(0.370)	(0.342)	(0.353)	(0.355)
专用性*组织满意度	—	4.332**	—	—	3.576**
		(1.907)			(1.454)
规模性*组织满意度	—	—	3.375*	—	1.573*
			(1.947)		(0.653)
风险性*组织满意度	—	—	—	3.001***	2.529**
				(1.049)	(1.005)
控制变量	已控制	已控制	已控制	已控制	已控制
肉牛优势产区	已控制	已控制	已控制	已控制	已控制
Pseudo R^2	0.634	0.639	0.639	0.640	0.646
Log likelihood	−124.109	−122.342	−122.424	−121.996	−120.067
N	539	539	539	539	539

注：括号内数值为标准误；*、**、***分别表示在10%、5%、1%的统计水平上显著。

为了检验组织信任度在交易特性对养殖户肉牛产业组织模式选择影响中的中介效应的有效性，本章采用更换检验方法进行检验，将原来检验中介效应的检验方法由层次回归分析法更换为Bootstrap方法进行检验。从表5-13的估计结果来看，Bootstrap重复抽样次数设定为1 000次，组织信任度间接效应在95%水平下置信区间分别为[0.010，0.142]、[0.047，0.172]、[0.003，0.133]，均不包含0，验证了在交易特性影响养殖户选择产业组织模式的过程中，存在显著的以组织信任度为中介变量的部分中介效应，表明组织信任度的中介效应在更换检验方法之后的实证分析结果稳健。

表 5－13　Bootstrap 方法的中介效应检验

作用路径		效应量系数	标准误	95%置信区间	
				上限	下限
直接效应	专用性→利益联结	0.626***	0.100	0.417	0.827
	规模性→利益联结	0.331***	0.108	0.116	0.542
	风险性→利益联结	0.102***	0.023	0.009	0.111
间接效应	专用性→组织信任度→利益联结	0.070**	0.037	0.010	0.142
	规模性→组织信任度→利益联结	0.109***	0.027	0.047	0.172
	风险性→组织信任度→利益联结	0.038**	0.023	0.003	0.133

注：*、**、***分别表示在 10%、5%、1%的统计水平上显著；Bootstrap 区间估计为重复自抽样 1 000 次。

5.5　本章小结

本章利用 11 个省份 539 份肉牛养殖户的调研数据，运用多元 Logit 模型分析了交易特性对养殖户肉牛产业组织模式选择的影响，并对不同经营规模以及不同肉牛优势产区的养殖户肉牛产业组织模式选择进行异质性讨论，并进一步探讨交易特性对养殖户肉牛产业组织模式选择的影响机制，分别用二元 Logit 模型和中介效应模型，考察了组织满意度的调节效应和组织信任度的中介效应，主要研究结论如下：

①交易特性对养殖户肉牛产业组织模式选择的影响。交易特性强弱对养殖户选择产业组织模式存在显著差异。其中，当专用性提升，养殖户倾向于选择准纵向一体化模式；当规模性提升，养殖户倾向于选择销售合同模式、生产管理合同模式或准纵向一体化模式；当风险性提升，养殖户倾向于选择准纵向一体化模式。养殖户的个体特征和家庭特征也会影响其肉牛产业组织模式选择，年龄较大的养殖户以及受教育程度较高的养殖户倾向于选择准纵向一体化模式，同时肉牛养殖原因为政府、合作社或企业引导的养殖户也倾向于选择准纵向一体化模式，女性养殖户倾向于选择生产管理合同模式。

②交易特性对养殖户肉牛产业组织模式选择的异质性影响。从不同经营规模来看，随着专用性的提升，经营规模在 50 头以下的小规模养殖户，倾向于选择生产管理合同模式和准纵向一体化模式；经营规模在 50 头以上的

规模化养殖户，更倾向于选择准纵向一体化模式。随着规模性的提升，经营规模在50头以下的小规模养殖户，倾向于选择生产管理合同模式和准纵向一体化模式；经营规模在50头以上的规模化养殖户，倾向于选择生产管理合同模式。随着风险性的提升，经营规模在50头以下的小规模养殖户，倾向于选择销售合同模式；经营规模在50～299头的规模化养殖户，其倾向于选择市场交易模式；经营规模在300头以上的规模化养殖户，其倾向于不选择市场交易模式。从不同肉牛优势产区来看，随着专用性的提升，中原优势区的养殖户更倾向于选择准纵向一体化模式；西北优势区的养殖户倾向于不选择销售合同模式。随着规模性的提升，东北优势区的养殖户更倾向于选择销售合同模式；中原优势区的养殖户倾向于选择生产管理合同模式；西北优势区的养殖户倾向于选择销售合同模式。随着风险性的提升，西北优势区的养殖户倾向于选择销售合同模式，西南优势区的养殖户倾向于选择市场交易模式。

③交易特性对养殖户肉牛产业组织模式选择的影响机制。组织满意度正向调节交易特性对养殖户选择紧密型产业组织模式的影响。组织信任度在交易特性对养殖户选择紧密型产业组织模式的影响中发挥着部分中介效应。其中，组织信任度对风险性影响养殖户选择紧密型利益联结机制的产业组织模式的中介效应程度最高，为31.7%；其次是对规模性影响养殖户选择紧密型利益联结机制的产业组织模式的中介效应程度，为23.9%；对专用性影响养殖户选择紧密型利益联结机制的产业组织模式的中介效应程度最小，为9.9%。

第6章　养殖户肉牛产业组织模式选择的生产效应研究

第5章基于交易特性视角，探讨了养殖户肉牛产业组织模式选择的影响因素及作用机制，并得到了相关研究结论。但是，不同的肉牛产业组织模式对养殖户会产生怎样的经济效应呢？换句话说，养殖户选择不同的肉牛产业组织模式是否有利于提升其经营能力，优化家庭资源的合理配置，从而提升肉牛养殖的技术效率呢？据此，本章基于539份肉牛养殖户的调研数据，从养殖户生产技术效率角度，考察肉牛产业组织模式对养殖户经济效应的影响。首先，通过梳理已有研究成果，提出待检验假说；其次，利用随机前沿生产函数模型测算肉牛生产技术效率；最后，运用Tobit模型实证分析肉牛产业组织模式对养殖户生产技术效率的影响。

6.1　理论分析与研究假说

中国农业进入由传统的分散经营向社会化、规模化、组织化、专业化等现代农业的转变发展阶段，产业化组织可以将农户、合作社、中介组织、企业、市场联系起来，从而改变农户粗放型生产经营方式，有利于提升农户生产技术效率，促进农业发展（周月书和俞靖，2018）。现有文献大多认为农户可以利用不同的产业组织主体提升组织化水平和规模化程度，并拥有较低的交易成本，享受到更好的社会化服务和信息化资源，并将其转换为提升生产技术效率的助推器（罗建利等，2019；黄惠春等，2021）。王太祥等（2012）认为相较于参与市场交易模式的农户，参与“合作社＋农户”模式的农户更能够提升其生产技术效率。黄祖辉和朋文欢（2016）认为加入合作社的果农能够显著提升其生产技术效率，相较于未参加合作社的农户，平均效率提升 7.07%。Delfiyan 等（2021）认为参与生产管理合同模式农户的生产效率高于参与合作社的农户，且生产效率存在较大差距。李霖等（2019）认为“合作社＋农户”模式中的部分横向合作模式和完全横向合作模式有利于促进农户生产技术效率的提升。“公司＋农户”模式通过降低交易成本，有效提高生产要素的合理配置效率，具有较高的经营效率，从而有利于提升农户的生产技术效率（黄惠春等，2021；周立等，2020；冯春等，2018）。因此，通过产业化组织增强养殖户、合作社、中介组织、企业和市场的有效联结，改变养殖户粗放型生产经营方式，有利于提升养殖户生产技术效率，促进肉牛产业高质量发展（周月书和俞靖，2018）。

结合肉牛生产活动的特殊性，以及第 4 章对肉牛产业组织模式的案例分析发现，在市场交易模式中，养殖户与其他经营主体的交易方式主要通过市场机制，养殖户自产自销，或通过经纪人或直接与企业交易，具有短期重复性特点。在销售合同模式中，养殖户与其他经营主体通过签订远期收购合同进行肉牛交易，肉牛生产加工企业为养殖户提供基本经济交易的支持，还会提供价格、政策、养牛知识等信息方面的支持。在生产管理合同模式中，养殖户与其他经营主体通过签订生产管理合同进行肉牛交易，其中肉牛一般为优质的肉牛品种，肉牛生产加工企业为养殖户提供犊牛或种牛、技术培训、疫病防治、融资贷款等服务内容，有利于养殖户加入产业价值链。在准纵向一体化模式中，养殖户直接或间接通过资金、生产资料或土地等生产要素入股，以肉牛生产加工企业为主导建立生产基地，企业雇佣养殖户在生产基地进行规模化经营，两者利益联结更加紧密，形成了风险共担、收益共享的合作关系。

根据以上分析，提出以下假说：

H1：在 4 种肉牛产业组织模式中，养殖户选择市场交易模式，能够提升其生产技术效率。

H2：在 4 种肉牛产业组织模式中，养殖户选择销售合同模式，能够提升其生产技术效率。

H3：在 4 种肉牛产业组织模式中，养殖户选择生产管理合同模式，能够提升其生产技术效率。

H4：在4种肉牛产业组织模式中，养殖户选择准纵向一体化模式，能够提升其生产技术效率。

6.2　变量选取与模型设定

6.2.1　变量选取

①因变量。本章研究问题为养殖户选择肉牛产业组织模式的生产效应，采用肉牛养殖户的生产技术效率来衡量。结合肉牛生产活动情况和已有研究成果，本章的产出变量为肉牛出栏平均重量（千克/头），投入变量包括仔畜投入（千克/头）、饲料投入（元/头）、劳动力投入（元/头）、其他物质投入（元/头）（杨春和王明利，2019；李俊茹等，2021；刘森挥等，2019）。其中，仔畜投入为犊牛或架子牛的平均重量；饲料投入为精饲料和粗饲料的费用；劳动力投入为养殖户雇工费用和家庭用工折价；其他物质投入为水费、电费和防疫费用。具体肉牛养殖投入产出变量描述性统计如表6-1所示。

表6-1　肉牛养殖投入产出变量描述

变量类型	变量名称	变量说明	均值	标准差	最小值	最大值
产出指标	肉牛产出	肉牛出栏平均重量（千克/头）	561.490	110.392	300	900
投入指标	仔畜投入	犊牛或架子牛平均重量（千克/头）	248.405	61.484	110	350
	饲料投入	精、粗饲料费用(元/头)	2 578.445	771.411	1 600	3 993
	劳动力投入	养殖户雇工费用和家庭用工折价（元/头）	1 098.367	175.909	604	1 920
	其他物质投入	水电费用和防疫费用（元/头）	37.854	23.680	9.167	300

②核心自变量。本章研究问题为肉牛产业组织模式选择对养殖户生产技术效率的影响，将第5章中养殖户选择的4种肉牛产业组织模式定义为本章的核心自变量。若肉牛养殖户选择市场交易模式，赋值为1，否则赋值为0；若肉牛养殖户选择销售合同模式，赋值为1，否则赋值为0；若肉牛养殖户

选择生产管理合同模式，赋值为1，否则赋值为0；若肉牛养殖户选择准纵向一体化模式，赋值为1，否则赋值为0。

③控制变量。借鉴相关研究成果，本章选择影响肉牛产业组织模式生产效应的控制变量：肉牛养殖户的个体特征与家庭经营特征。养殖户个体特征变量包括户主的年龄、受教育程度、养殖年限、技术培训；养殖户家庭经营特征变量包括家庭成员中从事肉牛养殖人数、养殖规模、家庭是否贷款、是否牧区。

以上3类变量的具体定义及描述性统计结果见表6-2。

表6-2 变量含义及描述性统计

变量类型	变量名称	变量说明及赋值	均值	标准差	最小值	最大值
因变量	生产技术效率	随机前沿生产函数所得	0.884	0.025	0.783	0.930
核心自变量	市场交易模式	选择市场交易模式，否=0，是=1	0.310	0.463	0	1
	销售合同模式	选择销售合同模式，否=0，是=1	0.367	0.483	0	1
	生产管理合同模式	选择生产管理合同模式，否=0，是=1	0.195	0.396	0	1
	准纵向一体化模式	选择准纵向一体化模式，否=0，是=1	0.128	0.334	0	1
控制变量	年龄	实际年龄（岁）	48.768	8.747	23	76
	受教育程度	小学=1，初中=2，高中=3，大专或本科=4，硕士及以上=5	2.241	0.937	1	5
	养殖年限	从事肉牛养殖年限（年）	11.607	9.610	1	50
	技术培训	年参与肉牛养殖技术培训次数（次）	3.730	3.961	0	20
	从事肉牛养殖人数	实际人数（人）	2.219	0.847	1	8
	养殖规模	年出栏肉牛数量（头）	76.304	102.173	5	380
	家庭是否贷款	家庭是否有正规金融部门贷款，否=0，是=1	0.885	0.319	0	1
	是否牧区	所在区域是否为放牧区，否=0，是=1	0.458	0.499	0	1

6.2.2 模型设定

（1）随机前沿生产函数模型

肉牛养殖户的生产技术效率是衡量其生产经营状况的重要指标，因此本章通过养殖户的生产技术效率来考察养殖户选择肉牛产业组织模式的生产效应。测算农业生产技术效率目前主要是两种方法，一个是非参数方法，一般采用数据包络分析法；另一种是参数方法，一般采用随机前沿分析法。由于肉牛生产活动中存在的随机现象，随机前沿分析法考虑了随机误差对个体效率的影响，可以避免非参数方法因随机因素而带来的偏差（王克强等，2021；李谷成，2015）。其基本函数形式为

$$\ln Y_i = F(X_i, \beta) + V_i - U_i \tag{6-1}$$

式（6-1）中，Y_i 表示肉牛产量；X_i 表示肉牛养殖户需要投入的生产要素，i 表示第 i 个肉牛养殖户，包括仔畜投入（x_1）由犊牛或架子牛的平均重量度量，饲料投入（x_2）由每头肉牛平均精饲料和粗饲料的费用度量，劳动力投入（x_3）由每头肉牛平均的养殖户雇工和自雇的劳动力用工折价度量，其他物质投入（x_4）由每头肉牛平均的水费、电费和防疫费度量；β 为待估计参数；V_i 表示随机误差项，假定服从正态分布，$V_i \sim N(0, \sigma_V^2)$；$U_i$ 为技术非效率项，由于技术非效率所引起的误差，假定服从截断正态分布，$U_i \sim N^+(\mu_i, \sigma_U^2)$，$\mu_i$ 为效率损失函数。

肉牛养殖户生产技术效率（TE_i）可表示为

$$TE_i = \frac{E(Y_i \mid U_i, X_i)}{E(Y_i^* \mid U_i = 0, X_i)} \tag{6-2}$$

式（6-2）中，U_i 表示养殖户个体；Y_i^* 表示在给定投入水平下可能达到的最优产出；TE_i 表示第 i 个肉牛养殖户的生产技术效率，取值为 0～1，越接近 1 表示肉牛养殖户的生产技术效率越高，越接近 0 表示肉牛养殖户的生产技术效率越低。

由于本章所使用的实地调查数据为全国 11 个省份肉牛养殖户的截面数据，不涉及时间项。同时为提高模型自身的解释能力和包容性，考虑不同要素之间的替代关系，本章选择使用形式相对灵活、替代弹性可变的超越对数生产函数（Trans-log），具体函数形式如下：

$$\begin{aligned}\ln Y_i = {} & \beta_0 + \beta_1 \ln x_{1i} + \beta_2 \ln x_{2i} + \beta_3 \ln x_{3i} + \beta_4 \ln x_{4i} + \beta_5 \ln x_{1i} \times \ln x_{2i} + \\ & \beta_6 \ln x_{1i} \times \ln x_{3i} + \beta_7 \ln x_{1i} \times \ln x_{4i} + \beta_8 \ln x_{2i} \times \ln x_{3i} + \\ & \beta_9 \ln x_{2i} \times \ln x_{4i} + \beta_{10} \ln x_{3i} \times \ln x_{4i} + \frac{1}{2}\beta_{11} (\ln x_{1i})^2 + \\ & \frac{1}{2}\beta_{12} (\ln x_{2i})^2 + \frac{1}{2}\beta_{13} (\ln x_{3i})^2 + \frac{1}{2}\beta_{14} (\ln x_{4i})^2 + (V_i - U_i)\end{aligned} \tag{6-3}$$

式（6-3）中，x_{1i}、x_{2i}、x_{3i}、x_{4i} 分别表示第 i 个养殖户的仔畜投入、饲料投入、劳动力投入、其他物质投入；$\beta_0 \sim \beta_{14}$ 分别表示仔畜投入、饲料投入、劳动力投入、其他物质投入的一次项、交互项和平方项的待估计参数。

（2）各投入要素产出弹性计算公式

本章采用超越对数生产函数计算生产技术效率是所有投入要素的综合产出率，包括各投入要素的一次项、交互项和平方项。因此，回归系数不能直接体现各投入要素的产出弹性，需要对各投入要素求偏导数进一步计算仔畜投入、饲料投入、劳动力投入、其他物质投入要素的产出弹性。以仔畜投入（x_1）为例，产出弹性计算公式如下：

$$\eta_{x1} = \frac{\frac{dY_i}{Y_i}}{\frac{dx_1}{x_1}} = \frac{d\ln Y_i}{d\ln x_1} = \beta_1 + \beta_{12}\ln x_2 + \beta_{13}\ln x_3 + \beta_{14}\ln x_4 + \beta_{11}\ln x_1 \tag{6-4}$$

式（6-4）中，β_1 为仔畜投入一次项的待估计参数；β_{12}、β_{13}、β_{14} 分别为仔畜投入与饲料投入、劳动力投入、其他物质投入交互项的待估计参数；β_{11} 为仔畜投入平方项的待估计参数；$\ln x_2$、$\ln x_3$、$\ln x_4$ 分别为饲料投入、劳动力投入、其他物质投入量取对数后的平均值。饲料投入、劳动力投入、其他物质投入的产出弹性计算方法与仔畜投入的方法类似。

（3）Tobit 模型

由于通过随机前沿分析法测算得出的肉牛养殖户生产技术效率的取值为 0～1，属于典型的截断分布，因此本章采用基于极大似然估计法的受限因变量的 Tobit 模型。为了检验养殖户肉牛产业组织模式选择对其生产技术效率的影响，具体回归模型如下：

$$TE_i = \beta_0 + \beta_1 dummy + \sum_{i=1}^{n} \beta_i Z_i + \varepsilon_i \tag{6-5}$$

式（6-5）中，$dummy$ 为虚拟变量，表示肉牛养殖户是否参与市场交易模式、销售合同模式、生产管理合同模式和准纵向一体化模式，参加为 1，未参加为 0；β_0、β_1、β_i 为待估计参数；Z_i 为控制变量，包括户主的年龄、受教育程度、养殖年限、技术培训、肉牛养殖人数、养殖规模、家庭是否贷款、是否牧区。

6.3　实证结果与分析

6.3.1　投入产出数据的描述性统计分析

表6-3展示了参与不同肉牛产业组织模式以及不同肉牛优势产区的养

表6-3　不同肉牛产业组织模式下各优势产区投入与产出统计结果

肉牛优势产区	指标名称	单位	市场交易模式	销售合同模式	生产管理合同模式	准纵向一体化模式	全样本
东北优势产区	肉牛产量	千克/头	545.960	566.282	585.000	571.667	558.952
	仔畜投入	千克/头	278.554	285.803	298.286	289.167	283.733
	饲料投入	元/头	2 533.867	2 448.273	2 659.425	2 166.118	2 494.316
	劳动力投入	元/头	1 257.894	1 156.164	1 121.935	1 128.891	1 197.892
	其他物质投入	元/头	29.988	30.040	35.192	34.310	30.609
中原优势产区	肉牛产量	千克/头	640.741	662.049	662.558	631.756	651.611
	仔畜投入	千克/头	273.071	276.737	271.651	272.537	273.886
	饲料投入	元/头	3 442.024	3 156.418	2 847.054	3 008.461	3 088.642
	劳动力投入	元/头	1 023.337	971.198 1	948.339 3	934.801 1	964.992
	其他物质投入	元/头	36.186	38.667	47.031	45.258	41.940
西北优势产区	肉牛产量	千克/头	425.652	445.487	476.677	496.875	452.129
	仔畜投入	千克/头	167.609	173.333	188.226	193.125	177.235
	饲料投入	元/头	2 170.153	2 276.979	2 137.877	2 019.196	2 175.837
	劳动力投入	元/头	1 122.554	1 073.861	1 109.732	1 145.693	1 107.961
	其他物质投入	元/头	32.903	32.443	34.742	31.833	33.069
西南优势产区	肉牛产量	千克/头	517.750	535.296	614.706	566.667	552.257
	仔畜投入	千克/头	227.000	219.444	268.529	256.667	236.714
	饲料投入	元/头	2 328.264	2 226.365	2 251.395	2 468.679	2 282.327
	劳动力投入	元/头	1 215.943	1 146.078	1 173.985	1 152.905	1 173.402
	其他物质投入	元/头	44.927	63.656	50.339	50.141	53.912
全样本	肉牛产量	千克/头	524.767	567.768	589.591	589.594	561.490
	仔畜投入	千克/头	240.934	251.808	250.067	254.188	248.405
	饲料投入	元/头	2 555.887	2 602.439	2 516.221	2 658.881	2 578.445
	劳动力投入	元/头	1 177.668	1 081.593	1 055.668	1 019.547	1 098.367
	其他物质投入	元/头	33.582	37.755	42.360	41.618	37.854

殖户肉牛养殖产出与投入指标的均值差异。整体上看，准纵向一体化模式除劳动力投入低于全国水平，肉牛产量、仔畜投入、饲料投入，其他物质投入，分别为589.594（千克/头）、254.188（千克/头）、2 658.881（元/头）、41.618（元/头），均高于全国平均水平，其中肉牛产量、仔畜投入、饲料投入在4种产业组织模式中位于最高水平；市场交易模式除劳动力投入最多，肉牛产量、仔畜投入、其他物质投入均处于最低水平。这2种组织模式的要素投入差异较大的原因可能为，选择市场交易模式大多为小规模养殖户，且以家庭用工为主，选择准纵向一体化模式的养殖户通过合理配置生产资料和劳动力资源，获得肉牛养殖的规模效应（黄惠春等，2021）。另外，由于肉牛优势产区资源禀赋条件的约束，各优势产区的投入与产出也存在一定差异：中原优势区的肉牛产量和饲料投入最高，劳动力投入最低，主要是因为其更靠近城市消费市场，通过优化肉牛养殖投入要素配置，获得了更高的肉牛产出量；西北优势区的饲料投入最低，说明其在饲料成本上具有比较优势。

6.3.2 随机前沿分析模型估计结果

本章运用Froniter4.1软件对式（6－3）进行极大似然估计，从表6－4的估计结果可得，参数γ的值为0.834，且在1%统计水平上显著，表明在影响肉牛产量的各项随机因素中，有83.4%属于技术无效率，16.6%来源于随机误差项，模型整体效果较好。饲料投入和劳动力投入都是一次项的估计系数显著为负，平方项的估计系数显著为正，说明在肉牛养殖过程中，饲料投入和劳动力投入短期成效较慢，需要长期投入才能有效提高肉牛产量，这与肉牛养殖周期长、养殖成本高的生产特性有关。仔畜投入的一次项系数在5%统计水平上显著且作用方向为正，由此说明，短期增加仔畜投入能提高肉牛产量，即通过加强良种繁育和推广优良品种可以提高肉牛单产。上述结论表明，在肉牛养殖过程中，增加仔畜投入、饲料投入和劳动力投入，能够有效提高肉牛产量。

表6－4　随机前沿生产函数估计结果

变量	估计系数	标准误
ln 仔畜投入	1.844**	0.934
ln 饲料投入	－4.504***	0.799

（续）

变量	估计系数	标准误
ln劳动力投入	−5.284***	0.861
ln其他物质投入	−0.156	0.936
ln仔畜投入×ln饲料投入	0.052	0.197
ln仔畜投入×ln劳动力投入	0.422	0.282
ln仔畜投入×ln其他物质投入	0.051	0.119
ln饲料投入×ln劳动力投入	0.298	0.262
ln饲料投入×ln其他物质投入	0.081	0.124
ln劳动力投入×ln其他物质投入	0.072	0.201
ln仔畜投入的平方项	−0.074	0.352
ln饲料投入的平方项	1.005***	0.343
ln劳动力投入的平方项	1.625***	0.392
ln其他物质投入的平方项	−0.104	0.088
常数项	15.992***	0.948
σ^2	0.016***	0.002
γ	0.834***	0.033
对数似然值	7 013.080	
*LR*值	101.012	

注：*、**、***分别表示在10%、5%、1%的统计水平上显著。

根据表6-5肉牛养殖户生产技术效率测算结果可知，选择生产管理合同模式养殖户的肉牛生产技术效率最高，达到0.903 9，而选择市场交易模式养殖户的肉牛生产技术效率最低（0.858 3），选择销售合同模式和准纵向一体化模式养殖户的肉牛生产技术效率基本持平。由此说明，以市场价格为导向且没有协作关系的市场交易模式，并不能帮助养殖户提升肉牛生产技术效率，而由肉牛生产加工企业规定契约养殖户生产方式的生产管理合同模式，能够控制交易产品质量和提供生产技术指导、生产资料赊销等服务，有利于提升养殖户肉牛生产技术效率（冯春等，2018）。同时说明，合理的收购价格也能够影响养殖户的肉牛生产技术效率，无论是由肉牛生产加工企业规定交易价格、数量、时间等交易条件的销售合同模式，还是养殖户以生产要素入股建设生产基地、企业向养殖户让利的准纵向一体化模式，最终目的都是让养殖户获得价格优势，以促进养殖户收入的提升（梁远等，2021），因此选择这 2 种产业组织模式养殖户的肉牛生产技术效率差异较小。

表 6－5　肉牛养殖户技术效率测算结果

肉牛优势产区	市场交易模式	销售合同模式	生产管理合同模式	准纵向一体化模式	全样本
东北优势产区	0.859 6	0.890 4	0.897 7	0.892 2	0.877 2
	(0.009 7)	(0.008 6)	(0.012 9)	(0.002 7)	(0.018 6)
中原优势产区	0.867 1	0.895 6	0.901 0	0.892 9	0.895 2
	(0.011 8)	(0.012 5)	(0.012 6)	(0.016 4)	(0.018 9)
西北优势产区	0.851 3	0.879 1	0.897 2	0.894 4	0.875 5
	(0.024 0)	(0.029 5)	(0.024 9)	(0.017 6)	(0.031 5)
西南优势产区	0.858 2	0.897 2	0.908 6	0.889 1	0.888 1
	(0.021 5)	(0.013 7)	(0.016 3)	(0.019 1)	(0.026 1)
全样本	0.858 3	0.891 9	0.903 9	0.892 9	0.884 0
	(0.017 3)	(0.017 9)	(0.018 4)	(0.016 0)	(0.025 0)

注：括号内数值为标准差。

6.3.3　投入要素产出弹性分析

根据表 6－4 的估计结果以及各投入要素产出弹性的计算公式，本章分别计算了市场交易模式、销售合同模式、生产管理合同模式、准纵向一体化模式、全样本各投入要素的产出弹性（表 6－6）。通过对 5 组数据的对比可以发现，每增加 1 个单位的仔畜投入、饲料投入、劳动力投入、其他物质投入都能够提升肉牛产量，其中劳动力投入的产出弹性最高，其余依次为饲料投入、仔畜投入、其他物质投入，说明当前肉牛养殖仍以小规模的传统养殖方式为主，增加劳动力投入仍能大幅提升肉牛产量；同时肉牛属于耗粮型牲畜，其生产活动具有养殖周期长、成本高等特点，因此增加饲料投入以及繁育和推广肉牛优良品种，也有利于提升肉牛产量。另外，市场交易模式的仔畜投入和劳动力投入的产出弹性较其他模式的高，说明需要在市场交易模式中推广优良品种以提升肉牛单产水平，同时也表明选择市场交易模式的养殖户以传统散养为主。相比其他 3 种模式，准纵向一体化模式的饲料产出率较高，劳动力投入的产出弹性相对较低，由此说明该模式养殖户肉牛的饲料转化率较高，可能为优良品种的肉牛，且规模化程度较高。

表6-6　各投入要素产出弹性

投入要素	市场交易模式	销售合同模式	生产管理合同模式	准纵向一体化模式	全样本
仔畜投入	5.000 6	4.966 6	4.961 9	4.947 1	4.973 7
饲料投入	6.001 5	6.003 0	5.972 3	6.017 4	5.998 4
劳动力投入	6.462 2	6.316 7	6.275 6	6.226 0	6.342 2
其他物质投入	0.350 9	0.335 6	0.314 2	0.319 2	0.334 1

6.3.4　养殖户选择不同肉牛产业组织模式的生产效应分析

本章节运用Stata15.1对设定的Tobit模型进行分析，具体估计结果见表6-7。回归（1）和回归（3）的估计结果显示，市场交易模式对肉牛养殖户生产技术效率的影响显著为负，说明市场交易模式对生产技术效率有抑制作用，而肉牛养殖户选择生产管理合同模式能够显著提升其生产技术效率，且在1%统计水平上显著。由此说明，假说H1并未得到验证，假说H3得到验证。可能的解释为，市场交易模式中的肉牛生产加工企业以市场价格进行交易，且没有协作关系，故该模式并不能提升养殖户的生产技术效率。生产管理合同模式中的肉牛生产加工企业，不仅规定契约养殖户的肉牛生产方式，还增加了犊牛、种牛、兽药、疫病防治、政策咨询、融资贷款、粪污资源化利用等方面的服务，通过对交易产品的质量管理提升养殖户的肉牛生产技术效率。另外，只有市场交易模式对养殖户生产技术效率的影响是负向作用，虽然销售合同模式和准纵向一体化模式在统计意义上未通过显著性检验，但是其作用方向为正，说明销售合同模式和准纵向一体化模式能够正向影响养殖户的生产技术效率。由此说明，假说H2和假说H4并未得到验证。据调研了解到，选择准纵向一体化模式的养殖户融入肉牛生产加工企业价值链，大多从事特色优良品种的肉牛养殖，而选择销售合同模式的养殖户大多从事普通肉牛品种的养殖活动。因此，相比准纵向一体化模式中的肉牛生产加工企业，契约养殖户仍处于弱势地位（李霖等，2019），虽然企业让利养殖户使其生产要素投入较高，还可以使养殖户享受更全面的养殖服务，但提升养殖户的肉牛生产技术效率有限（Arouna et al.，2021），而销售合同模式中的肉牛生产加工企业只是为契约养殖户提供了价格保障，没有直接干涉养殖户的生产活动，也不能大幅度提升养殖户的肉牛生产技术效率。

从控制变量对养殖户的肉牛生产技术效率的影响来看，养牛技术培训对生产技术效率存在显著正向影响，说明增加养殖户的养殖技术培训次数，能够有效提升其生产技术效率。肉牛养殖人数对生产技术效率存在显著负向影响，说明养殖户的家庭成员中从事肉牛养殖的人数并不是越多越利于生产技术效率的提升，还是需要依靠专业技术人员才能实现生产技术效率的提升。家庭是否贷款对生产技术效率存在显著正向影响，主要是由于肉牛生产活动具有养殖周期长、成本高等特点，需要资金进行周转，同时也需要产业组织的贷款服务帮助和国家的信贷政策，以降低养殖户贷款门槛。非牧区对生产技术效率存在显著正向影响，可能是因为在国家禁牧的政策下，可放牧的地区大幅度缩减，另一个原因可能是在非放牧地区，养殖户大多以圈养的形式进行肉牛养殖，更倾向于加入产业组织，这有利于转变粗放型生产方式，进而提升养殖户的肉牛生产技术效率（曹建民等，2019；赵立夫等，2021）。

表 6-7　不同肉牛产业组织模式对养殖户技术效率影响的估计结果

变量名称	(1)	(2)	(3)	(4)	(5)
参与市场交易模式	−0.034 3***	—	—	—	−0.031 6***
	(0.002 0)				(0.002 8)
参与销售合同模式	—	0.008 6	—	—	0.000 1
		(0.005 4)			(0.002 4)
参与生产管理合同模式	—	—	0.018 7***	—	0.011 7***
			(0.002 3)		(0.002 6)
参与准纵向一体化模式	—	—	—	0.002 6	0.002 0
				(0.002 9)	(0.002 2)
年龄	−0.000 0	0.000 1	0.000 1	0.000 0	0.000 0
	(0.000 1)	(0.000 1)	(0.000 1)	(0.000 1)	(0.000 1)
受教育程度	0.000 3	0.000 6	0.000 3	0.000 2	0.000 3
	(0.000 9)	(0.001 1)	(0.001 0)	(0.001 1)	(0.000 9)
养殖年限	−0.000 0	−0.000 1	−0.000 1	−0.000 1	−0.000 0
	(0.000 1)	(0.000 1)	(0.000 1)	(0.000 1)	(0.000 1)

（续）

变量名称	(1)	(2)	(3)	(4)	(5)
技术培训	0.000 3*	0.001 4***	0.001 3***	0.001 5***	0.000 2
	(0.000 1)	(0.000 2)	(0.000 2)	(0.000 2)	(0.000 1)
从事肉牛养殖人数	−0.003 4***	−0.003 4***	−0.003 7***	−0.003 5***	−0.003 6***
	(0.000 9)	(0.001 1)	(0.001 1)	(0.001 1)	(0.000 9)
养殖规模	0.000 0	0.000 0	0.000 0	0.000 0	0.000 0
	(0.000 0)	(0.000 0)	(0.000 0)	(0.000 0)	(0.000 0)
家庭是否贷款	0.001 2	0.010 3***	0.007 7***	0.010 3***	0.000 2
	(0.002 5)	(0.003 0)	(0.002 9)	(0.003 1)	(0.002 5)
是否牧区	−0.006 1***	−0.007 1***	−0.006 5***	−0.007 2***	−0.005 8***
	(0.001 7)	(0.002 0)	(0.002 0)	(0.002 1)	(0.001 6)
常数项	0.901 6***	0.868 9***	0.871 4***	0.872 7***	0.898 9***
	(0.006 6)	(0.007 8)	(0.007 5)	(0.007 9)	(0.006 9)
Log likelihood	1 416.00	1 307.60	1 328.42	1 298.37	1 433.03
Prob > chi^2	0.000 0	0.000 0	0.000 0	0.000 0	0.000 0

注：括号内数值为标准误；*、**、***分别表示在10%、5%、1%的统计水平上显著。

6.4　本章小结

本章基于539份肉牛养殖户的调研数据，从养殖户生产技术效率角度，考察肉牛产业组织模式对养殖户经济效应的影响。通过随机前沿生产函数模型测算肉牛生产技术效率，运用Tobit模型实证分析肉牛产业组织模式对养殖户生产技术效率的影响，主要研究结论如下：

①从不同生产要素投入对肉牛生产技术效率的贡献来看，增加仔畜投入、饲料投入、劳动力投入能够有效提高肉牛产量。短期需要增加仔畜投入，长期则需要增加饲料投入和劳动力投入。

②选择不同肉牛产业组织模式的养殖户之间的肉牛生产技术效率不同，且受到肉牛优势产区的异质性影响。在东北优势区，只有选择市场交易模式（0.859 6）的肉牛养殖户的生产技术效率低于全样本平均水平（0.884 0）；在中原优势区，只有选择市场交易模式（0.867 1）的肉牛养殖户的生产技

术效率低于全样本平均水平；在西北优势区，只有选择生产管理合同模式（0.897 2）与准纵向一体化模式（0.894 4）的肉牛养殖户的生产技术效率均高于全样本平均水平，其中选择生产管理合同模式（0.897 2）的肉牛养殖户生产技术效率最高；在西南优势区，选择销售合同模式（0.897 1）、生产管理合同模式（0.908 6）与准纵向一体化模式（0.889 1）的肉牛养殖户的生产技术效率高于全样本平均水平，其中选择生产管理合同模式（0.908 6）的肉牛养殖户的生产技术效率最高。

③不同肉牛产业组织模式对养殖户生产技术效率的影响有差异。养殖户选择市场交易模式会抑制其生产技术效率提高，而选择生产管理合同模式能够显著提升生产技术效率。另外，从控制变量对养殖户生产技术效率的影响来看，技术培训、家庭是否贷款对生产技术效率具有正向显著的促进作用；家庭成员中从事肉牛养殖人数、是否牧区对生产技术效率存在显著负向影响。

第 7 章　养殖户肉牛产业组织模式选择的收入效应研究

上一章从生产技术效率角度，探讨了肉牛产业组织模式对养殖户经济效应的影响，那么不同的肉牛产业组织模式是否会促进养殖户收入水平的提升？据此，本章从养殖户收入角度，探讨肉牛产业组织模式对养殖户经济效应的影响。首先，本章运用倾向得分匹配法解决样本因自选择问题带来的选择性偏差，实证分析肉牛产业组织模式对养殖户家庭总收入的影响；其次，运用分位数回归模型，进一步考察肉牛产业组织模式选择对不同收入层次养殖户的收入效应；最后，探讨不同养殖规模对养殖户选择肉牛产业组织模式的收入效应的异质性影响。

7.1　理论分析与研究假说

目前，中国是世界上最大的畜牧业生产国，第二大牛肉消费国。我国牛肉的刚性需求和品质需求都具有增量空间，发展肉牛产业具有重要意义（梁远和张越杰，2023）。与此同时，我国肉牛产业的发展面临着牛肉供给不足、价格居高不下、饲料粮资源短缺、标准化水平不高等现状，使得肉牛产业的发展面临巨大压力（曹兵海等，2023）。同时，肉牛产业不仅是中国农业农村经济发展的支柱产业，也是促进农民增产与增收的现实路径。新发展阶段，肉牛产业“保供给、保安全、保生态”的压力增大，提升养殖户组织化水平、完善产业组织模式的运行机制更具复杂性和艰巨性。农户参与产业组织模式的收入效应到底如何，产业组织模式能否有效实现农户增收的目标？这是中国农业产业化政策需回答的现实问题。

很多学者积极开展关于农业产业组织模式对农户收入影响的研究。陆泉志和张益丰（2022）认为合作社为农户提供了多种的社会化服务，其中金融信贷服务、技术培训服务和生产流程服务能够显著提升入社农户的收入水平，产品销售服务对入社农户的收入水平提升没有显著影响。胡定寰等（2006）等认为超市的苹果供应商与农户的合同生产模式能够有效提升农户的收入水平，其原因可能是超市的苹果供应商为了保证农产品的质量安全，向农户提供技术支持和生产资料，且以高于市场价的价格收购符合标准的农产品。朱桂丽和洪名勇（2020）、丁存振和肖海峰（2019）的实证研究表明，参与纵向协作模式的农户相较于市场交易的农户，能够通过与公司的纵向协作，减少交易成本，利益联结机制更紧密的产业组织模式对农户的增收效应具有持续性，同时也更加稳定。然而李霖和郭红东（2017）则认为与完全市场交易模式相比，农户参与部分横向合作模式和完全横向合作模式能够显著提升其收入水平，纵向协作模式并不能显著提升其收入水平。总体来说，肉牛产业组织模式是将分散化的“小生产”与不确定性的“大市场”联系起来的重要桥梁纽带，能够有效帮助养殖户进入市场，并向养殖户提供信贷、技术、信息和要素投入等方面的帮助（Ton et al.，2018）。

结合肉牛生产活动的特殊性，以及第 4 章对肉牛产业组织模式的案例分析可知，市场交易模式中，养殖户自产自销，以市场价格通过经纪人或直接与企业交易，因此该模式的养殖户在市场交易中仍处于弱势地位。销售合同模式中，养殖户与其他经营主体通过签订远期收购合同，肉牛生产加工企业规定交易的价格、数量、时间和产品属性，养殖户自主决定生产和经营，通过保证交易价格，减少市场系统性风险对农户的影响（Hu，2013）。生产管理合同模式中，肉牛生产加工企业与养殖户签订生产管理合同，合同中约定的肉牛一般为优质品种，为了确保牛肉的质量安全，企业规定生产方式，由养殖户生产符合标准的肉牛，通过优化生产过程，减少技术不确定性，使养殖户加入产业价值链，获得高农产品附加值的收益，有助于提升养殖户的收入水平（Bellemare and Lim，2018）。准纵向一体化模式中，养殖户直接或间接以生产要素入股，由肉牛生产加工企业为主导建立养殖基地的形式进行肉牛交易，其利益联结机制更加紧密，通过缓解资金投入约束，促进养殖户采纳现代农业生产技术，形成风险共担、收益共享的合作关系，从而有利于改善农业绩效，提升养殖户收入水平（Ruml and Qaim，2021）。

根据以上分析，提出以下假说：

H1：相较于市场交易模式，养殖户选择销售合同模式，能够提升其家庭总收入。

H2：相较于市场交易模式，养殖户选择生产管理合同模式，能够提升其家庭总收入。

H3：相较于市场交易模式，养殖户选择准纵向一体化模式，能够提升其家庭总收入。

7.2 变量选取与模型设定

7.2.1 变量选取

①因变量。本章节研究问题为养殖户选择肉牛产业组织模式的收入效应，根据3.2.3肉牛养殖户经营特征可知，样本养殖户养牛收入占总收入比例大多在80%以上，且达到总样本数的三分之二以上。由于肉牛生产经营的特殊性，肉牛养殖户的专业化程度普遍较高，兼业户较少，因此本章采用肉牛养殖户的年家庭总收入来衡量养殖户选择肉牛产业组织模式的收入效应，该变量为连续变量。

②核心自变量。本章选用的核心自变量为养殖户选择肉牛产业组织模式。若养殖户选择市场交易模式，赋值为0，记为控制组；若养殖户选择销售合同模式，赋值为1，记为处理组1；若养殖户选择生产管理合同模式，赋值为1，记为处理组2；若养殖户选择准纵向一体化模式，赋值为1，记为处理组3。为了进一步分析养殖户选择肉牛产业组织模式收入效应的异质性，将养殖户选择市场交易模式赋值为1；养殖户选择销售合同模式赋值为2；养殖户选择生产管理合同模式赋值为3；养殖户选择准纵向一体化模式赋值为4。

③控制变量。肉牛养殖户生产决策者的个体特征、家庭禀赋特征和生产经营特征都会对参与产业组织模式的收入效应产生影响（丁存振和肖海峰，2019；江光辉和胡浩，2019；蔡晓琳等，2021）。结合样本区域以及肉牛生产活动的特性，本章选择肉牛养殖户的个体特征、家庭禀赋特征、生产经营特征作为控制变量。其中，养殖户的个体特征包括户主的年龄、性别和受教育程度；养殖户的家庭禀赋特征包括养牛人数占比、养殖规模、家庭是否贷款；养殖户的生产经营特征包括技术培训、养殖年限、肉牛养殖投入。

以上3类变量的具体定义及描述性统计结果见表7-1。

表7-1 变量含义及描述性统计

变量类型	变量名称	含义及赋值	均值	标准差	最小值	最大值
因变量	家庭总收入	年养殖户家庭总收入（万元）	49.455	68.797	2	240
核心自变量	选择销售合同模式	市场交易模式=0，销售合同模式=1	0.542	0.499	0	1
	选择生产管理合同模式	市场交易模式=0，生产管理合同模式=1	0.386	0.488	0	1
	选择准纵向一体化模式	市场交易模式=0，准纵向一体化模式=1	0.292	0.456	0	1
	产业组织模式*	市场交易模式=1，销售合同模式=2，生产管理合同模式=3，准纵向一体化模式=4	2.078	0.876	1	4
控制变量	年龄	实际年龄（岁）	48.768	8.747	23	76
	性别	女=0，男=1	0.779	0.358	0	1
	受教育程度	小学=1，初中=2，高中=3，大专或本科=4，硕士及以上=5	2.241	0.937	1	5
	养牛人数占比	肉牛养殖人数占家庭总人口比重（%）	54.692	19.227	16.667	100
	养殖规模	年出栏肉牛数量（头）	76.304	102.173	5	380
	家庭是否贷款	家庭是否有正规金融部门贷款，否=0，是=1	0.885	0.319	0	1
	技术培训	年参与肉牛养殖技术培训次数（次）	3.730	3.961	0	20
	养殖年限	从事肉牛养殖年限（年）	11.607	9.610	1	50
	肉牛养殖投入	年经营肉牛养殖投入成本（万元）	54.692	19.227	0.620	100

注：*该变量用于7.3.2异质性分析。

7.2.2 模型设定

(1) 倾向得分匹配法

为了分析参与肉牛产业组织模式对养殖户收入的影响，需要观察同一主体在两种状态（参与者和未参与者）下的差异。在非实验干预的条件下，养殖户决定是否参与肉牛产业组织模式并非随机的，需要考虑选择偏差（Liu et al，2019）。倾向得分匹配方法的基本思想是，对处理组（销售合同模式、生产管理合同模式、准纵向一体化模式）的肉牛养殖户与控制组（市场交易模式）的肉牛养殖户，在其他条件完全相同的情况下，通过一定方式进行匹配后，比较家庭总收入上的差异，进而判断肉牛产业组织模式选择与养殖户家庭总收入之间的因果关系。具体分析步骤如下：

第一步，计算倾向得分。通过 Logit 模型计算出养殖户参与销售合同模式、生产管理合同模式、准纵向一体化模式的概率，样本 i 的倾向得分为

$$PS(A_i) = P(D_i^j = 1 \mid A = A_i) = \frac{\exp(\beta A_i)}{1 + \exp(\beta A_i)}, j \in (1,2,3) \quad (7-1)$$

式（7-1）中，PS 为倾向得分值，表示在给定 A_i（协变量）的情况下，养殖户选择处理组（销售合同模式、生产管理合同模式、准纵向一体化模式）的条件概率。D_i 表示养殖户选择肉牛产业组织模式的虚拟变量 $D_i^j = \{0,1\}$，$j \in (1,2,3)$ 表示肉牛养殖户 i 属于销售合同模式、生产管理合同模式、准纵向一体化模式。其中，$D_i^1 = 1$ 表示肉牛养殖户 i 属于销售合同模式（处理组 1），$D_i^2 = 1$ 表示肉牛养殖户 i 属于生产管理合同模式（处理组 2），$D_i^3 = 1$ 表示肉牛养殖户 i 属于准纵向一体化模式（处理组 3），$D_i = 0$ 表示肉牛养殖户 i 属于市场交易模式（控制组）。A_i 表示可观测到的肉牛养殖户个体特征、家庭禀赋特征和生产经营特征（李霖和郭红东，2017；丁存振和肖海峰，2019）。

第二步，对匹配过程进行相关检验。首先，为了确保样本的匹配质量，绘制了核密度图，以检验样本匹配前后的共同支撑域。其次，为了保证匹配结果的可靠性，对匹配结果进行平衡性检验，以基本消除样本自选择所带来的估计偏误。最后，为了考查匹配结果的稳健性，运用多种匹配方法对样本进行匹配。因为每种算法都有缺点和优点，所以使用多种算法来估计处理效果，检查结果的稳健性是有指导意义的（Shumeta and D' Haese，2016；Minah，2022）。为了保证匹配结果的可靠性，本章选择 3 种匹配方法，K 近邻匹配，采用 $K=4$ 的一对四匹配；半径匹配，采用半径 0.03 进行匹配，是由平均倾向得分计算得出的；核匹配，采用带宽 0.06 进行匹配。

第三步，计算平均处理效应。鉴于本章主要关注养殖户肉牛产业组织模式选择对其家庭总收入的促进作用，进而聚焦 3 个处理组的对比，因此只探究 ATT 的估计结果。其中，处理组 1 的 ATT 表示销售合同模式对养殖户家庭总收入的作用，处理组 2 的 ATT 表示生产管理合同模式对养殖户家庭总收入的作用，处理组 3 的 ATT 表示准纵向一体化模式对养殖户家庭总收

入的作用。具体计算公式如下：

$$\widehat{ATT}=\frac{1}{N_j}\sum_{i=1}^{D_i^j}(b_i^j-\hat{b}_i^0),j\in\{1,2,3\} \tag{7-2}$$

式（7-2）中，N_j 表示处理组 j 肉牛养殖户数量，即 N_1 表示选择销售合同模式的肉牛养殖户数量，N_2 表示选择生产管理合同模式的肉牛养殖户数量，N_3 表示选择准纵向一体化模式的肉牛养殖户数量；$\sum_{i=1}^{D_i^j}$ 表示对处理组 j 求和；b_i^j 表示 j 组中肉牛养殖户的家庭总收入；$\hat{b}_i^0$ 表示控制组中与处理组匹配的肉牛养殖户家庭总收入的估计值。

（2）分位数回归模型

为了进一步分析养殖户肉牛产业组织模式选择对不同收入层次养殖户收入效应的异质性，本章节采用分位数回归模型分析养殖户选择肉牛产业组织模式对其家庭总收入的异质性影响。由于 OLS 估计考察了自变量 A 对因变量 B 的条件期望 $E(B|A)$ 的影响，本章节更关心在各分位数条件下自变量 A 对整个条件分布 $B|A$ 的影响，然而分位数回归模型不要求很强的分布假设，对条件分布的刻画更为细致，在随机扰动项非正态分布的情况下，其估计量更有效。因此，本章采用分位数回归模型进行估计，具体公式如下：

$$Q_q(B|A)=\alpha_q+\beta_q A_i+\gamma_q Z_i+\varepsilon_q \tag{7-3}$$

式（7-3）中，$Q_q(B|A)$ 表示对养殖户家庭在第 q 分位数上的家庭总收入水平取对数；A_i 为产业组织模式；Z_i 为可能影响养殖户家庭总收入水平的控制变量，包括年龄、性别、受教育程度、养牛人数占比、养殖规模、家庭是否贷款、技术培训、养殖年限、肉牛养殖投入；β_q、γ_q 为在第 q 分位数上的待估计参数；ε_q 为随机扰动项。

7.3 实证结果与分析

7.3.1 养殖户肉牛产业组织模式选择的收入效应分析

（1）养殖户家庭总收入的倾向得分估计

为实现样本匹配，表 7-2 展示了基于 Logit 模型的处理组 1（选择销售合同模式）、处理组 2（选择生产管理合同模式）、处理组 3（选择准纵向一体化模式）的养殖户家庭总收入与控制组（选择市场交易模式）养殖户家庭总收入的倾向得分估计结果。相比市场交易模式，养殖规模和技术培训对养殖户选择销售合同模式均有正向显著影响；性别和家庭中养牛人数占比对养殖户选择生产管理合同模式是负向显著影响，家庭是否贷款、技术培训和肉牛养殖投入对养殖户选择生产管理合同模式是正向显著影响；养殖户家庭中养牛人数占比对养殖户选择准纵向一体化模式是负向显著影响，技术培训和肉牛养殖投入对养殖户选择准纵向一体化模式是正向显著影响。可能的解释为，家庭养殖决策者为女性的养殖户，从事肉牛生产活动可能会更加细心，所以女性养殖户更倾向于选择生产管理合同模式，养殖优良品种，追求高附加值的收益。养牛人数占比更少的养殖户，更倾向于选择生产管理合同模式和准纵向一体化模式，一部分原因可能是由于该养殖户自身有一定的经营能力，通过雇工从事肉牛生产活动，从而倾向于选择利益联结机制更紧密的产业组织模式，加入肉牛产业价值链。生产管理合同模式中肉牛生产加工企业同养殖户签订生产管理合同，不仅需要养殖户有一定的经营能力，还可能需要一定的资金投入，因为该模式中企业为养殖户提供融资贷款服务，所以样本中有贷款的肉牛养殖户更倾向于选择生产管理合同模式。相比市场交易模式，其他3种肉牛产业组织模式都会向养殖户提供技术培训服务，通过技术培训对养殖户经营能力提升有一定的促进作用，所以养殖户更倾向于选择利益联结机制更紧密的产业组织模式。年肉牛养殖投入越多表明养殖户的资产专用性越强，由第5章可知，养殖户交易特性的专用性越强，更倾向于选择利益联结机制更紧密的产业组织模式，由此相比市场交易模式，年肉牛养殖投入越多的养殖户更倾向于选择生产管理合同模式和准纵向一体化模式。

表7-2　基于Logit模型的倾向得分估计结果

变量名称	销售合同模式		生产管理合同模式		准纵向一体化模式	
	系数	标准误	系数	标准误	系数	标准误
年龄	0.011	0.014	0.012	0.016	0.019	0.029
性别	−0.282	0.317	−0.773**	0.385	−0.222	0.680
受教育程度	−0.088	0.134	0.063	0.169	0.220	0.285
养牛人数占比	0.000	0.006	−0.015*	0.008	−0.030**	0.014
养殖规模	0.282**	0.141	−0.090	0.188	0.065	0.263
家庭是否贷款	0.096	0.245	0.551*	0.322	0.432	0.558

（续）

变量名称	销售合同模式		生产管理合同模式		准纵向一体化模式	
	系数	标准误	系数	标准误	系数	标准误
技术培训	0.107**	0.048	0.255***	0.059	0.515***	0.074
养殖年限	−0.013	0.012	−0.007	0.015	−0.016	0.028
肉牛养殖投入	0.008	0.115	0.465***	0.161	0.593**	0.240
常数项	−1.070	0.880	−1.861*	1.114	−5.329***	1.920
Pseudo R^2	0.056		0.199		0.560	
N	365		272		236	

注：*、**、***分别表示在10%、5%、1%的统计水平上显著。

(2) 匹配效果检验

①共同支撑域检验。为了保证样本间的匹配质量，本章在计算处理组和控制组的倾向得分后进一步绘制核密度函数图，若样本匹配后共同支撑域范围扩大，则说明样本匹配效果良好。从处理组1（销售合同模式）与控制组（市场交易模式）的共同支撑域（图7－1）、处理组2（生产管理合同模式）与控制组（市场交易模式）的共同支撑域（图7－2）、处理组3（准纵向一体化模式）与控制组（市场交易模式）的共同支撑域（图7－3）可以看出，匹配后的处理组（1、2、3）与控制组共同支撑域更广，且多数观测值处于共同取值范围，表明样本间的匹配效果良好。

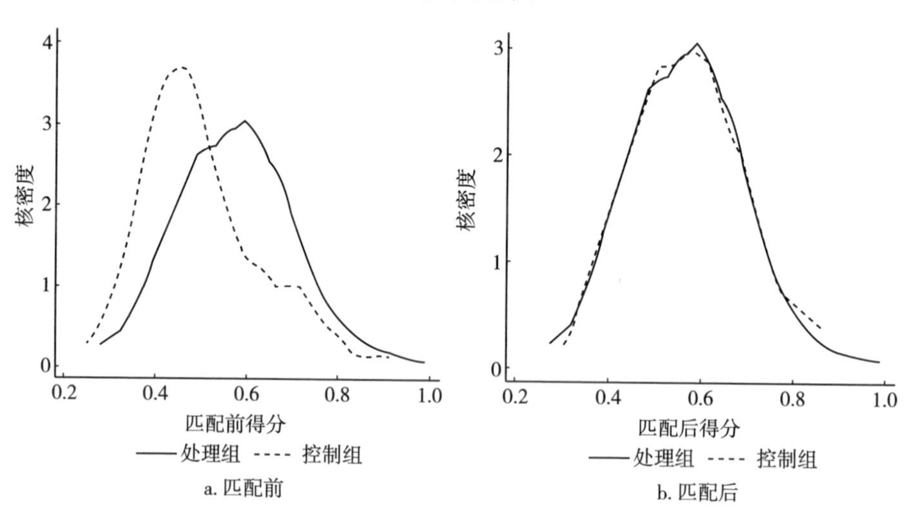

图7－1　销售合同模式匹配前后的核密度

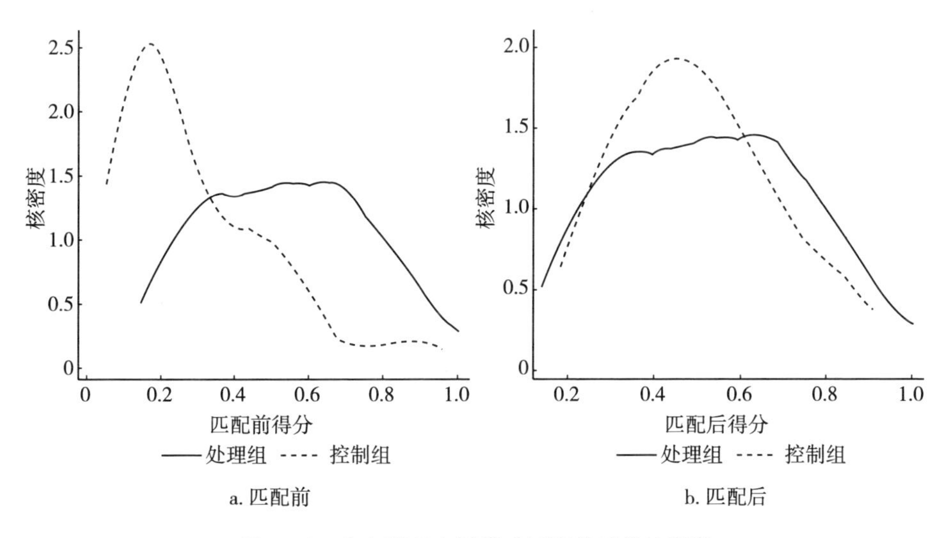

图 7-2　生产管理合同模式匹配前后的核密度

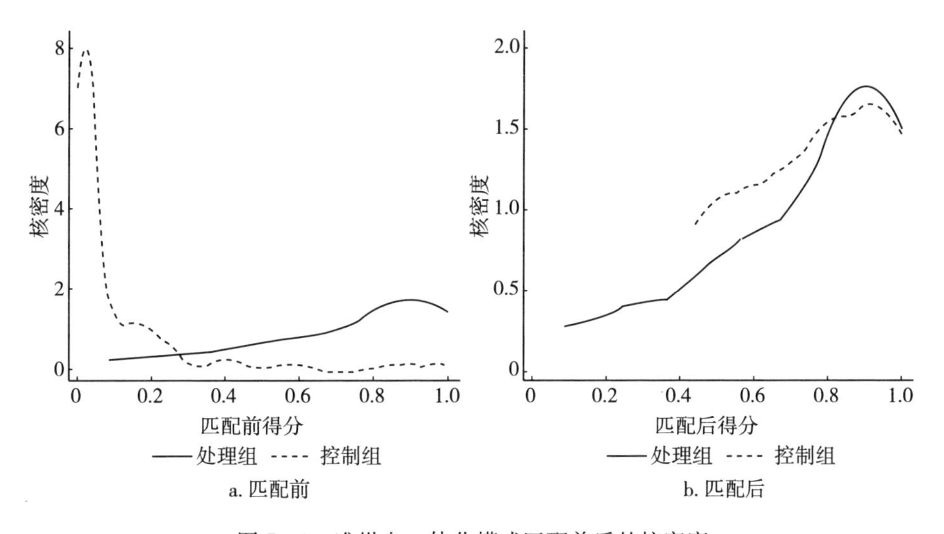

图 7-3　准纵向一体化模式匹配前后的核密度

②平衡性检验。为了保证匹配结果的可靠性，本章以 K 近邻匹配（K=4）的检验结果为例，对处理组与控制组的协变量进行平衡性检验。从表 7-3 的平衡性检验结果可知，对处理组与控制组的肉牛养殖户数据之间大多数协变量的标准偏误均有较大幅度的减少。除了处理组 2 与控制组中性别变量和技术培训变量的标准偏误分别为 17.9%和 10.6%，处理组 3 与控制组中受教育程度变量的标准偏误为 19.5%，其余协变量的标准偏误均在

10%以下。总体来看，匹配后的处理组与控制组的协变量没有显著差异，满足不具有系统性差异的要求。

表 7-3 平衡性检验结果

变量名称	匹配状态	处理组与控制组标准化偏误					
		处理组 1 与控制组		处理组 2 与控制组		处理组 3 与控制组	
		标准偏误（%）	误差消减	标准偏误（%）	误差消减	标准偏误（%）	误差消减
年龄	匹配前	11.10	34.30	3.20	−521.60	29.60	55.80
	匹配后	−7.30		−20.10		−13.10	
性别	匹配前	−5.70	−36.10	−25.30	29.10	−3.80	70.40
	匹配后	7.70		17.90		−1.10	
受教育程度	匹配前	6.80	49.70	20.60	17.10	44.30	55.90
	匹配后	−3.40		17.10		19.50	
养牛人数占比	匹配前	11.00	53.00	−5.00	−13.20	−5.70	−465.70
	匹配后	5.20		−5.70		−32.30	
养殖规模	匹配前	43.90	93.90	64.40	92.00	98.70	96.80
	匹配后	2.70		5.20		−3.20	
家庭是否贷款	匹配前	28.30	81.80	49.80	67.50	90.60	90.30
	匹配后	−5.20		−16.20		−8.80	
技术培训	匹配前	34.70	90.40	65.10	83.70	128.80	94.70
	匹配后	3.30		10.60		−6.80	
养殖年限	匹配前	−10.50	48.90	−12.60	96.10	−23.30	88.40
	匹配后	5.40		−0.50		2.70	
肉牛养殖投入	匹配前	32.60	92.60	72.50	96.10	89.80	99.70
	匹配后	2.40		−2.80		0.30	

③稳健性检验。由于不同匹配方法会产生不同的样本损失量，为了保证匹配结果的稳健性，本章运用了多种匹配方法，如 K 近邻匹配（$K=4$）、半径匹配（半径 0.03）、核匹配（带宽 0.06）进行匹配。由表 7-4 的稳健性检验结果可知，经过 3 种方法的样本匹配，匹配后的协变量的均值偏差比匹配前明显减小，且均在 20%以下。Ps R^2 和 LR chi^2 都比匹配前明显减小。因此，倾向得分匹配法显著降低了 3 个处理组与控制组之间的协变量差异，基本消除了因样本自选择产生的偏差。

表 7-4　不同匹配方法的稳健性检验结果

匹配方法	处理组 1 与控制组			处理组 2 与控制组			处理组 3 与控制组		
	Ps R^2	LR chi^2	均值偏差（%）	Ps R^2	LR chi^2	均值偏差（%）	Ps R^2	LR chi^2	均值偏差（%）
匹配前	0.055	27.59	20.5	0.199	72.24	35.4	0.554	158.12	57.2
K 近邻匹配	0.006	3.02	4.7	0.029	8.16	10.7	0.028	4.98	9.8
半径匹配	0.004	2.19	3.5	0.020	5.23	8.8	0.092	14.74	14.4
核匹配	0.004	2.42	3.5	0.017	5.08	8.2	0.065	11.69	14.1

注：*K* 近邻匹配采用 $K=4$ 的一对四匹配；半径匹配采用半径 0.03 进行匹配；核匹配采用带宽 0.06 进行匹配。

(3) 养殖户选择不同肉牛产业组织模式的收入效应分析

从表 7-5 的估计结果可知，在运用倾向得分匹配法控制了一系列可观测变量的差异之后，3 种估计结果具有一致性，*ATT* 至少在 10%的显著水平上通过检验。从平均值来看，选择销售合同模式的养殖户如果选择市场交易模式，其家庭总收入为 54.955 万元，但由于选择销售合同模式，其家庭总收入增加到 65.285 万元，增加了 10.330 万元，增长率为 18.80%，由此验证了假说 H1。换句话说，肉牛养殖户选择销售合同模式后，与肉牛加工企业签订了远期收购合同，享受到企业提供的相关服务（饲料购买服务、技术培训、统一销售、价格信息服务等），通过降低交易成本，提升养殖户家庭总收入水平。虽然进行肉牛交易时，市场价格可能高于企业的收购价格，养殖户存在毁约的情况，但是当市场价格低于企业的收购价格时，肉牛加工企业能够为选择该模式的养殖户提供一定的价格保障，从而有利于保证养殖户的收入水平。

表 7-5　倾向得分匹配法的处理效应——养殖户家庭总收入

匹配方法	养殖户家庭总收入（万元）		平均处理效应	标准误	增长率（%）
	销售合同模式	市场交易模式			
K 近邻匹配	65.849	54.321	11.528*	9.820	21.22
半径匹配	64.177	55.281	8.896**	8.119	16.09
核匹配	65.829	55.264	10.565*	9.111	19.12
平均值	65.285	54.955	10.330	—	18.80

（续）

匹配方法	养殖户家庭总收入（万元）		平均处理效应	标准误	增长率（%）
	生产管理合同模式	市场交易模式			
K 近邻匹配	66.159	62.540	25.944	10.581	41.48
半径匹配	90.949	65.952	24.997*	9.371	37.90
核匹配	90.116	67.077	23.040*	9.011	34.35
平均值	82.408	65.190	24.660	—	37.83

匹配方法	养殖户家庭总收入（万元）		平均处理效应	标准误	增长率（%）
	准纵向一体化模式	市场交易模式			
K 近邻匹配	93.183	71.072	22.110	10.789	31.11
半径匹配	89.592	90.943	10.351	10.123	11.38
核匹配	94.742	85.267	9.475	10.314	11.11
平均值	92.506	82.427	13.979	—	16.96

注：增长率的计算公式为平均处理效应/选择市场交易模式×100%；*、**、***分别表示在10%、5%、1%的统计水平上显著；*K* 近邻匹配采用 $K=4$ 的一对四匹配，半径匹配采用半径 0.03 进行匹配，核匹配采用带宽 0.06 进行匹配；平均处理效应的标准误结果是由自助法计算得出，重复抽样次数为 500 次。

同理从平均值来看，选择生产管理合同模式的养殖户如果选择市场交易模式，其家庭总收入为 65.190 万元，但由于选择生产管理合同模式，其家庭总收入增加到 82.408 万元，增加了 24.660 万元，增长率为 37.83%，由此验证了假说 H2。选择生产管理合同模式的肉牛养殖户，与肉牛生产加工企业签订生产管理合同，一般交易品种优良的肉牛，能够使养殖户获得高附加值的收益，从而大幅度提升养殖户的家庭总收入水平。选择生产管理合同模式的养殖户，一般会享受到肉牛生产加工企业提供的犊牛提供服务、种牛提供服务、饲料提供服务、技术培训服务、疫病防治服务、融资贷款服务、粪污收储和利用服务等养殖服务。这些服务不仅能够有效帮助养殖户完成契约合同，还能够显著提升养殖户的自身经营能力，使其加入肉牛产业价值链，大幅度提升养殖户的收入水平。

然而，选择准纵向一体化模式的养殖户相比选择市场交易模式的养殖户，在家庭总收入水平上并没有显著的促进作用，且未通过统计意义上的显著性检验。换句话说，相较于市场交易模式，养殖户选择准纵向一体化模式并不能显著提升其家庭总收入水平。由此，本章的假说 H3 并未得到证实。该结果同 Wang 等（2011）以及李霖和郭红东（2017）的研究结果类似。可能的解释为，肉牛养殖户以生产要素入股的形式与肉牛生产加工企业签订契约合同，加入了准纵向一体化模式，增强了养殖户组织化程度，有利于转变粗放型生产方式，从而提供肉牛的产量和质量。虽然养殖户与企业建立了更紧密的利益联结机制，但在公司的垄断性剥削、不公平的农产品交易、高质量的农产品需求等方面，仍处于弱势地位，无法确保企业对养殖户的“二次让利”，所以养殖户的获利水平极易受到企业机会主义行为的影响。

（4）敏感性分析

通过倾向得分匹配法对可观测变量进行控制以缓解选择性偏差问题，但如果存在不可观测变量，可能导致隐藏性偏差的存在。为了解决这一问题，本章采用 Rosenbaum（2002）提出的界限敏感性分析来验证上述结果的稳健性。用 *Gamma* 系数来表示不可观测变量对养殖户家庭总收入的影响，主要观察 *Gamma* 系数取值较大（通常接近 2）时，已有结论才变得不显著，则倾向得分匹配估计结果比较可靠。根据表 7－6 所示，当 *Gamma* 系数增加到 2.5 时，Wilcoxon 符号秩检验显著性的上界（*sig*＋）仍然在 1%水平上显著，Hodges－Lehmann 点估计（*t*－*hat*＋和 *t*－*hat*－）在 95%置信区间（*CI*＋和 *CI*－）的值全部不包含 0。由此表明，倾向得分匹配估计对于这些忽略掉的因素敏感性较低，结论是稳健可靠的。

表 7－6　敏感性分析

	Gamma	*sig*＋	*sig*－	*t*－*hat*＋	*t*－*hat*－	*CI*＋	*CI*－
处理组 1 与控制组	1	0.000	0.000	0.578	0.578	0.536	0.670
	1.5	0.000	0.000	0.509	0.690	0.415	0.772
	2	0.000	0.000	0.433	0.754	0.340	0.869
	2.5	0.000	0.000	0.372	0.825	0.297	0.941
处理组 2 与控制组	1	0.000	0.000	0.540	0.540	0.471	0.627
	1.5	0.000	0.000	0.482	0.616	0.414	0.712
	2	0.000	0.000	0.448	0.672	0.381	0.790
	2.5	0.000	0.000	0.425	0.717	0.343	0.856
处理组 3 与控制组	1	0.000	0.000	0.827	0.827	0.609	1.024
	1.5	0.000	0.000	0.659	0.977	0.486	1.165
	2	0.000	0.000	0.568	1.065	0.373	1.286
	2.5	0.000	0.000	0.518	1.122	0.309	1.391

7.3.2 异质性分析

(1) 肉牛产业组织模式对不同收入水平养殖户家庭总收入的影响

为了进一步考察不同收入水平养殖户选择肉牛产业组织模式对家庭总收入水平的异质性影响，本章采用分位数回归模型检验养殖户选择肉牛产业组织模式对不同收入水平养殖户家庭总收入的影响。从表 7－7 的估计结果可知，肉牛养殖户选择利益联结机制更紧密的产业组织模式，能够显著提升中低收入（Q _ 25）养殖户以及中等收入（Q _ 50）养殖户的家庭总收入水平，且分别在 1%、5%统计水平上显著，然而对中高收入（Q _ 75）养殖户的家庭总收入水平的提升没有显著促进作用。可能的解释为，由于我国肉牛养殖仍是以中小规模的养殖户为主，中低收入和中等收入的养殖户养殖规模和经营能力可能较低，在选择利益联结机制更紧密的产业组织模式后，能够享受到产业组织提供的较为全面的养殖服务，不仅有利于增加其经营能力，还能够减少交易成本，从而提高肉牛养殖户的家庭总收入。

表 7－7 肉牛产业组织模式对家庭总收入影响的分位数回归结果

变量名称	Q _ 25		Q _ 50		Q _ 75	
	系数	标准误	系数	标准误	系数	标准误
产业组织模式	0.050***	0.019	0.037**	0.017	0.016	0.027
年龄	－0.002	0.002	－0.003	0.002	－0.005	0.003
性别	－0.006	0.045	－0.017	0.042	－0.026	0.064
受教育程度	0.031	0.019	0.005	0.018	0.002	0.027
养牛人数占比	0.991***	0.015	0.964***	0.017	0.897***	0.039
养殖规模	0.960***	0.020	0.957***	0.019	0.927***	0.029
家庭是否贷款	0.108***	0.037	－0.008	0.035	0.001	0.053
技术培训	0.088***	0.012	0.078***	0.014	0.060*	0.033
养殖年限	0.005***	0.002	0.002	0.002	－0.002	0.003
肉牛养殖投入	0.097***	0.017	0.086***	0.016	0.078***	0.024
常数项	－0.801***	0.130	－0.486***	0.121	0.073***	0.027
Pseudo R^2	0.762		0.776		0.759	
N	539		539		539	

注：*、**、***分别表示在 10%、5%、1%的统计水平上显著。

从控制变量对养殖户家庭总收入的影响来看，养牛人数占比、养殖规模、家庭是否贷款、技术培训、养殖年限、肉牛养殖投入均对中低收入（Q_25）养殖户的家庭总收入水平有显著促进作用，养牛人数占比、养殖规模、技术培训、肉牛养殖投入均对中等收入（Q_50）养殖户的家庭收入水平有显著促进作用，且均在1%统计水平上显著。养牛人数占比、养殖规模、技术培训、肉牛养殖投入均对中高收入（Q_75）养殖户的家庭收入水平有显著促进作用。

(2) 肉牛产业组织模式对不同养殖规模养殖户家庭总收入的影响

为进一步考察不同养殖规模养殖户选择肉牛产业组织模式对家庭总收入的异质性影响，本章将养殖户养殖规模划分为1～19头、20～49头、50～299头、300头以上。从表7-8的估计结果可知，肉牛养殖户选择利益联结机制更紧密的产业组织模式，能够显著提升50～299头养殖规模养殖户的家庭总收入水平，且在10%统计水平上显著，然而对其他3种养殖规模养殖户的家庭总收入水平没有显著提升作用。可能的解释为，根据《全国农产品成本收益资料汇编》关于肉牛养殖规模的界定，肉牛年出栏头数50头以上的为规模养殖户，因此50～299头经营规模的养殖户，在选择利益联结机制更紧密的产业组织模式后，由于其有一定的经营能力，在享受产业组织提供的养殖服务后，降低了交易成本，从而提高肉牛养殖户的家庭总收入。然而养殖规模在50头以下的小规模养殖户，在选择利益联结机制更紧密的产业组织模式后，虽说享受了产业组织提供的养殖服务，对其经营能力和家庭总收入水平有正向促进作用，但在产业组织模式中仍是弱势群体，其获利能力可能被削弱。养殖规模在300头以上的养殖户，其自身有较高经营能力，所以选择利益联结机制更紧密的产业组织模式并不能显著提升其家庭总收入水平。

从控制变量对养殖户家庭总收入的影响来看，受教育程度、养牛人数占比、技术培训、肉牛养殖投入均对1～19头经营规模养殖户的家庭总收入水平有显著促进作用。养牛人数占比、技术培训、肉牛养殖投入均对20～49头养殖规模养殖户的家庭总收入水平有显著促进作用，且均在1%统计水平上显著。当50～299头养殖规模的家庭决策者较年轻或为女性，或家庭中养牛人数占比较高时，养殖户家庭总收入水平也较高。受教育程度和养牛人数占比均对300头以上养殖规模养殖户的家庭总收入水平有显著促进作用。

表7-8　肉牛产业组织模式选择对不同养殖规模养殖户的家庭总收入影响的估计结果

变量名称	养殖规模			
	1～19头	20～49头	50～299头	300头以上
产业组织模式	0.069	0.044	0.046*	0.070
	(0.049)	(0.041)	(0.026)	(0.046)
年龄	−0.003	0.000	−0.008***	0.001
	(0.004)	(0.004)	(0.003)	(0.007)
性别	0.125	−0.047	−0.135*	−0.181
	(0.090)	(0.090)	(0.070)	(0.134)
受教育程度	0.071*	0.036	0.042	0.108*
	(0.041)	(0.039)	(0.028)	(0.059)
养牛人数占比	0.745***	1.063***	0.925***	0.904***
	(0.074)	(0.112)	(0.053)	(0.111)
家庭是否贷款	0.046	0.106	−0.021	−0.105
	(0.080)	(0.066)	(0.063)	(0.143)
技术培训	0.083*	0.131***	0.005	−0.031
	(0.045)	(0.034)	(0.025)	(0.062)
养殖年限	0.002	0.003	0.000	0.002
	(0.003)	(0.003)	(0.004)	(0.007)
肉牛养殖投入	0.081**	0.142***	0.025	0.038
	(0.040)	(0.030)	(0.025)	(0.052)
常数项	−0.168	−1.137***	0.147	−0.088
	(0.301)	(0.421)	(0.297)	(0.758)
Pseudo R^2	0.510	0.606	0.750	0.849
N	188	142	164	45

注：括号内数值为标准误；*、**、***分别表示在10%、5%、1%的统计水平上显著。

7.4　本章小结

本章基于539份肉牛养殖户的调研数据，从养殖户收入角度，探讨肉牛产业组织模式对养殖户经济效应的影响。首先，本章运用倾向得分匹配法实证分析肉牛产业组织模式对养殖户家庭总收入的影响；然后，运用分位数回归模型，进一步考察肉牛产业组织模式对不同收入层次养殖户的收入效应；最后，探讨不同经营规模的养殖户选择肉牛产业组织模式的收入效应的异质性影响。主要研究结论如下：

①肉牛产业组织模式对养殖户家庭总收入的影响有差异。与市场交易模式相比，销售合同模式能够显著提升养殖户家庭总收入水平，即肉牛加工企业能够为参与销售合同模式的养殖户提供一定的价格保障，从而有利于保证养殖户的收入水平。与市场交易模式相比，生产管理合同模式也能够显著提升养殖户家庭总收入水平，即肉牛加工企业能够为参与该模式的养殖户提供较为全面的养殖服务，能够显著提升养殖户的自身经营能力，使其加入肉牛产业价值链，大幅度提升养殖户的收入水平。与市场交易模式相比，准纵向一体化模式对于提升养殖户家庭总收入没有明显优势，即在该模式中养殖户仍然处于弱势地位，无法确保企业对养殖户的“二次让利”，养殖户极易受到企业机会主义行为的影响。

②肉牛产业组织模式对不同收入水平的养殖户具有异质性影响。肉牛养殖户选择利益联结机制更紧密的产业组织模式，能够显著提升中低收入（Q _ 25）和中等收入（Q _ 50）养殖户的家庭收入水平，然而对中高收入（Q _ 75）养殖户的家庭收入水平没有显著促进作用。另外，从控制变量对养殖户家庭总收入的影响来看，养牛人数占比、养殖规模、技术培训、肉牛养殖投入对不同收入水平养殖户的家庭收入均有显著促进作用。

③肉牛产业组织模式对不同经营规模的养殖户具有异质性影响。经营规模为50～299头的肉牛养殖户，其选择利益联结机制更紧密的产业组织模式，能显著提升家庭总收入，然而对于其他经营规模养殖户的家庭总收入没有显著提升作用。另外，从控制变量对养殖户家庭总收入的影响来看，养牛人数占比对不同经营规模养殖户的家庭收入均有显著促进作用。

第 8 章　研究结论与政策建议

本研究基于交易特性视角，重点讨论肉牛产业组织模式的交易关系与治理机制，以及养殖户选择肉牛产业组织模式的影响因素及其作用机制，并分析肉牛产业组织模式对养殖户经济效应的影响，最终为肉牛产业组织模式的可持续发展提供对策建议。第 3 章在对养殖户基本特征进行分析的基础上，还对交易特性进行了测度与特征分析；第 4 章基于交易特性视角，探讨了肉牛产业组织模式的类别且进行了特征分析；第 5、6、7 章则分别从理论和实证层面，探究了肉牛产业组织模式选择的影响因素及其作用机制、肉牛产业组织模式选择的生产效应、肉牛产业组织模式选择的收入效应。本章在对前文主要研究内容的结论进行归纳并总结的基础上，有针对性地提出优化农产品交易关系的制度环境、提升产业组织的服务质量、加强养殖户自身能力建设等政策建议。

8.1　研究结论

本研究在系统地综述国内外相关研究成果的基础上，运用产业组织理论、交易费用理论、农户行为理论等理论，利用全国 11 个省份 539 户肉牛养殖户实地调研数据及资料，采用多种分析方法及计量经济模型，实证分析了交易特性对养殖户肉牛产业组织模式选择的影响机制，并对养殖户肉牛产业组织模式选择的生产和收入效应进行评价。根据本研究的理论研究与实证分析的结果，主要研究结论如下：

(1) 肉牛养殖户基本特征及产业组织模式选择情况

通过调研数据，对样本养殖户的户主个体特征、家庭特征、经营特征、交易特性和选择产业组织模式情况进行了描述性统计分析。主要研究发现如下：

①总体来看，样本养殖户从事肉牛养殖的主要劳动力和决策者还是以男性为主，且呈现出老龄化的趋势，受教育程度为初中水平的养殖户户主最多，从事肉牛养殖的原因大多是因为养牛效益好，肉牛养殖的年限大多在10年以内。肉牛养殖户家庭人口数为3～4人的最多，从事肉牛养殖劳动力人数大多为2人，家中有村干部的养殖户较少，且有亲戚从事肉牛产业相关行业的占大多数。接受调查的肉牛养殖户大多不在放牧区，经营规模大多在50头以下，以散养的小规模养殖为主，接受肉牛养殖技术培训次数大多在2次以下。家庭年收入大多在10万～50万元，养牛收入占总收入比重在80%以上的肉牛养殖户占到总样本的75.51%，然而没有种植业收入的肉牛养殖户最多，说明肉牛养殖户的专业化程度较高。

②样本区域的肉牛养殖户选择市场交易模式的有167户，选择销售合同模式的有198户，选择生产管理合同模式的有105户，选择准纵向一体化模式的有69户。其中，选择松散型利益联结机制的产业组织模式（市场交易模式、销售合同模式）有365户，选择紧密型利益联结机制的产业组织模式（生产管理合同模式、准纵向一体化模式）有174户，这表明样本养殖户大多选择利益联结机制较松散的肉牛产业组织模式。

③样本养殖户交易特性差异较大且异质性较明显，其中养殖户的规模性差异最大，弱规模性占大多数，而养殖户的专用性和风险性差异较小。不同肉牛优势区域养殖户的交易特性的异质性明显，其中东北优势区肉牛养殖户的交易特性较弱，中原优势区肉牛养殖户的交易特性较强。选择不同肉牛产业组织模式养殖户的交易特性也具有较强的异质性，其中选择市场交易模式的肉牛养殖户交易特性最弱，选择准纵向一体化模式肉牛养殖户的交易特性最强。

（2）基于交易特性的肉牛产业组织模式分析

本研究根据肉牛生产加工企业的交易特性，借鉴已有研究成果，结合肉牛优势产区实地调查情况，根据肉牛产业组织模式中经营主体之间的利益联结关系，从契约选择角度将企业带动型肉牛产业组织模式总结为市场交易模式、销售合同模式、生产管理合同模式、准纵向一体化模式。运用案例分析方法，探讨了不同交易特性的肉牛生产加工企业与其他经营主体的交易关系，以及如何有效匹配其治理机制，以促进肉牛产业组织模式的可持续发展。研究表明：

①在肉牛产业组织模式的初期交易中，不同交易特性的肉牛生产加工企业与其他经营主体形成了不同联结程度的交易关系。不同交易关系匹配的治理机制大多是由 2 种以上治理机制同时构成的复合治理机制，其中关系治理机制存在于多种交易关系中。

②通过考察肉牛产业组织模式中交易关系的建立与发展发现，在交易关系发展的不同阶段，其匹配的治理机制也有所改变。

③在本研究考察的 4 种肉牛产业组织模式中，准纵向一体化模式中交易关系匹配的治理机制有利于锁定双边的专用性资产投资，建立要素互换与共赢式利益联结机制，进而节约交易费用，转移养殖户的行业风险。

(3) 交易特性对养殖户肉牛产业组织模式选择的影响研究

本研究从交易特性视角对养殖户肉牛产业组织模式选择进行实证研究，首先探讨了交易特性对养殖户肉牛产业组织模式选择的影响，然后针对不同经营规模和不同肉牛优势产区的养殖户肉牛产业组织模式选择进行了异质性讨论，最后分别探讨了组织满意度和组织信任度在交易特性对养殖户选择肉牛产业组织模式影响中的调节效应和中介效应。主要研究结论如下：

①交易特性强弱对养殖户选择产业组织模式存在显著差异。其中，当专用性提升，养殖户倾向于选择准纵向一体化模式；当规模性提升，养殖户倾向于选择生产管理合同模式或准纵向一体化模式；当风险性提升，养殖户倾向于选择准纵向一体化模式。

②交易特性对不同经营规模和肉牛优势产区的养殖户肉牛产业组织模式选择具有异质性影响。从不同经营规模来看，当交易特性越强，经营规模在 50 头以下的小规模养殖户，越倾向于选择销售合同模式、生产管理合同模式和准纵向一体化模式；经营规模在 50 头以上的规模化养殖户，越倾向于选择市场交易模式、生产管理合同模式和准纵向一体化模式。从不同肉牛优势产区来看，当交易特性越强，东北优势区的养殖户越倾向于选择销售合同模式和生产管理合同模式；中原优势区的养殖户越倾向于选择生产管理合同模式和准纵向一体化模式；西北优势区的养殖户越倾向于选择销售合同模式；西南优势区的养殖户越倾向于选择市场交易模式。

③交易特性对养殖户肉牛产业组织模式选择的影响机制。组织满意度正向调节交易特性对养殖户选择紧密型产业组织模式的影响。组织信任度在交易特性对养殖户选择紧密型产业组织模式的影响中发挥着部分中介的作用。

(4) 养殖户肉牛产业组织模式选择的生产效应研究

本研究从养殖户生产技术效率角度，考察肉牛产业组织模式对养殖户经济效应的影响，首先通过随机前沿生产函数模型测算肉牛生产技术效率，然后运用 Tobit 模型探讨了肉牛产业组织模式对养殖户生产技术效率的影响，得到以下结论：

①从不同生产要素投入对肉牛生产技术效率的贡献来看，增加仔畜投入、饲料投入、劳动力投入能够有效提高肉牛产量。短期需要增加仔畜投入，长期则需要增加饲料投入和劳动力投入。

②选择不同肉牛产业组织模式养殖户之间的肉牛生产技术效率不同，且受到肉牛优势产区的异质性影响。在东北优势区，选择准纵向一体化模式的肉牛养殖户生产技术效率更高；在中原优势区，选择生产管理合同模式的肉牛养殖户生产技术效率更高；在西北优势区，选择准纵向一体化模式的肉牛养殖户生产技术效率更高；在西南优势区，选择销售合同模式和生产管理合同模式的肉牛养殖户生产技术效率更高。

③不同肉牛产业组织模式对养殖户生产技术效率具有异质性影响。养殖户选择市场交易模式会抑制其生产技术效率提高，而选择生产管理合同模式能够显著提升生产技术效率。

(5) 养殖户肉牛产业组织模式选择的收入效应研究

本研究从养殖户收入角度，探讨肉牛产业组织模式对养殖户经济效应的影响，首先探讨了肉牛产业组织模式对养殖户家庭总收入的影响，然后考察了肉牛产业组织模式对不同收入层次养殖户的收入效应，最后探讨了肉牛产业组织模式对不同经营规模养殖户的收入效应的异质性影响，得到以下结论：

①肉牛产业组织模式对养殖户家庭总收入的影响有差异。与市场交易模式相比，销售合同模式和生产管理合同模式均能够显著提升养殖户家庭总收入水平。然而，与市场交易模式相比，准纵向一体化模式对于提升养殖户家庭总收入没有明显优势，可能的原因为在该模式中养殖户仍然处于弱势地

位，无法确保企业对养殖户的“二次让利”，养殖户极易受到企业机会主义行为的影响。

②肉牛产业组织模式对不同收入水平养殖户的异质性影响。肉牛养殖户选择利益联结机制更紧密的产业组织模式，能够显著提升中低收入和中等收入养殖户的家庭收入水平，然而对中高收入养殖户的家庭收入水平没有显著促进作用。

③肉牛产业组织模式对不同经营规模养殖户具有异质性影响。经营规模为50～299头的肉牛养殖户，选择利益联结机制更紧密的产业组织模式，能显著提升家庭总收入，然而对于其他经营规模养殖户的家庭总收入没有显著提升作用。

8.2 政策建议

目前，“小群体大规模”仍是我国肉牛产业的主体生产方式，同时国内牛肉市场存在供求矛盾突出、牛肉价格持续高位运行、饲料粮价格上涨等问题，使我国肉牛产业面临巨大的发展压力。基于此，肉牛产业现代化应走以散户和中小规模养殖户为主体的组织化道路，而非过度依赖通过新型农业经营主体带动的单一路径。然而，我国肉牛产业组织模式还需进一步完善，尤其是企业与农户的契约联系还不够紧密，需要以保障农民权益为核心，构建紧密的利益联结机制，建立健全现代肉牛产业体系和经营体系，从而推进肉牛产业高质量发展。因此，如何推进养殖户选择利益联结机制更紧密的产业组织模式，建立稳定的契约关系，提升养殖户的生产绩效，是本研究关注的重点。立足于交易特性视角，针对上述研究结论，对肉牛生产经营组织和政府提出以下几点政策建议：

(1) 优化农产品交易关系的制度环境

政府不仅需要在宏观政策方面给予农业企业相应的惠农政策，还应当在推行政策和资金补贴时，结合当地实际情况，以适当方式介入肉牛产业组织模式的交易关系，并充分考虑农业企业的组织边界，使其能够真正地提升养殖户收入、降低市场风险和提高养殖户组织化程度，实现对养殖户的精准帮扶。一方面，加大肉牛产业组织服务政策支持力度和覆盖面，提升肉牛产业供给保障能力，出台肉牛产业保险、贴息政策，激励养殖户养殖积极性。政策支持与引导是促进我国肉牛产业健康、稳定发展的重要手段和途径之一。进一步加大支持力度，针对主产区和重点肉牛养殖户（场）出台产业组织政策，包括适度规模补贴、产业合作奖励和贴息补贴政策等。共同富裕下中国消费结构正向肉类消费结构转型，加大肉牛产业培育需要长期政策支持，尤其在用地政策方面，需要在饲料种植基地、养殖用地方面给予重点支持。除了资金上的支持还必须提高母牛养殖户的经营管理能力，母牛养殖效益的关键是提升犊牛成活率和减少成年母牛空怀期。必须促进养殖户的产业组织内部交流，加大对母牛养殖户的培训和母牛怀孕、产犊等环节的服务支持。

另一方面，发挥产业组织模式对接市场、规避风险和降低交易成本的主要功能。政府和龙头企业要获取行业新动态、紧跟阅读需求新趋势，在产业组织各个环节做到产业分工、养殖环节风险分担和资源高效率利用，实现生产体系的运营和盈利模式的重置。完善政府、企业、合作社、协会、养殖户的合作机制，政府引导建立准纵向一体化模式，有效推动肉牛全产业链的价值提升和延长产业生命周期。总之，我国肉牛产业必须从提高养殖户组织化程度、调整肉牛产业补贴政策、提升产业科技含量、优化产业组织模式、达到产业链上下游的协同等方面着手，共谋我国肉牛产业利益共享、风险分摊和产业组织创新的良性互动机制。

(2) 大力扶持“本土化”且与养殖户存在“乡土”关联的肉牛生产加工龙头企业，发展紧密型产业组织模式

增加特色农产品的科技研发投入，延长现代农业价值链和提升专项资产的专用性水平。政府还需鼓励和支持养殖户与龙头企业进行深度合作，根据农户资源禀赋特征，有针对性地制定契约合同，逐步完善企业与农户利益分配机制，促进各个经营主体合作共赢、利益共享。通过发展紧密型产业组织模式（生产管理合同模式和准纵向一体化模式），提高养殖户的组织化、规模化、标准化程度。通过转变肉牛养殖粗放型的生产方式，进而提高养殖户肉牛生产技术效率和经营性收入水平，实现产业兴旺，促进养殖户与现代农业有机衔接。

首先，以促进龙头企业高质量发展为重点，开展肉牛养殖业优化布局、效率提升及品牌建设。促使科技含量低、发展前景差的肉牛生产加工企业进行自我淘汰，使企业的布局和产能与当地的肉牛养殖实际情况相符合。充分考虑龙头企业的组织边界，整合优化肉牛生产加工企业，以实现资源配置效率的最优选择，促进肉牛养殖产业高质量发展。其次，规范正式契约合同的运行程序，稳定和完善企农利益联结机制。龙头企业是企农利益共同体的引导者和主导者，充分利用自身的优势，创新产业组织模式，带动合作社、家庭农场、不同规模养殖户分工协作，构建共享收益、共担风险的紧密型利益联结机制，通过提高契约合同内容的规范性和整体性，加强契约合同的监督管理，用制度化的手段实现经营主体之间的合作双赢。再次，加强肉牛养殖科技创新和技术推广，增加特色优良品种肉牛养殖的科技研发投入。通过推广现代肉牛养殖技术，提高劳动力生产效率和肉牛饲料转化率，降低劳动力资源约束对肉牛生产技术效率的影响。加快肉牛产业品牌体系建设，打造区域品牌、企业品牌和国家品牌，加大龙头企业品牌建设力度，通过品牌提升肉牛产业链价值和带动肉牛产业高质量发展。特别是对那些已经在产业化发展模式方面进行积极探索的省级龙头企业进行奖励与支持，使他们成长为国家级龙头企业。以奖励代替补贴，对那些已经按照产业化模式，生产方面连接养殖户进行肉牛养殖，市场方面进行牛肉深加工延伸产业链条的龙头企业进行资金和政策的大力扶持。最后，从全产业链的角度出发，积极提升产业组织服务质量，支持肉牛产业组织参与国际竞争。加快肉牛养殖的规模化和专业化，创新管理机制，探索建立真正意义上的肉牛养殖合作社、联合社和肉牛养殖协会。利用数字技术帮助肉牛产业驱动产业效率提升、推动产业融合、重构产业组织模式以及赋能产业升级，创新产业组织服务，实现肉牛生产业绩提升目标。

（3）加强养殖户自身的能力建设，使新型经营主体与小规模养殖户形成互补的专用性投资

小规模养殖户的资源特性主要是劳动力和土地，新型经营主体的资源特性主要是资金、销售能力、专业化和规模化经营等方面。区分小规模养殖户和新型经营主体的资源特征，有针对性地进行契约安排，进而约束其机会主义行为。为了完善小农户与现代农业发展的有机衔接，应建立更加紧密和稳定的产业组织利益联结机制，确保养殖户持续稳定增收，同时产业组织的联结机制也承担了带动养殖户提升生产经营能力和增加经营性收入的双重要求。一方面，养殖户应积极参与培训学习新知识，提升自身认知能力，并理性辨识产业组织政策及市场信息，掌握社会资源信息，提高劳动生产率。养殖户应积极加入专业合作社和联结当地企业，在市场机制引导下，选择适合自身的产业组织模式，合理规划养殖规模和结构，充分利用金融保险市场上的贷款和保险等金融衍生品，主动分散养殖风险，拓展其在组织参与中的盈利空间。另一方面，根据不同养殖户的资源特征，引导养殖户走向组织化、契约化、制度化，提升养殖户经营能力，进而降低交易成本，促进产业组织模式中契约的稳定性。广泛调动养殖户参与生产管理合同模式和准纵向一体化模式的积极性，引导发展规模化养殖场为基本社员的新型合作组织，降低产业内部损耗，使之成为连接养殖户与市场的重要桥梁与纽带。

(4) 政府应积极引导养殖户参与利益联结机制更紧密的产业组织模式，增强养殖户对产业组织的信任度和满意度

根据养殖户禀赋和现实条件选择合适的肉牛产业组织模式，提升产业组织的服务质量，增强养殖户对产业组织服务的信任度和满意度。在市场机制下，引导和支持生产管理合同模式和准纵向一体化模式的产业组织服务优化、规范发展和探索创新。具体来说，主要通过以下几个方面进行引导：一是提高产业组织服务提供的标准化建设。产业组织嵌入重塑了社会信任，增进了养殖户、企业、合作社、协会等多主体之间的关系。逐步完善服务反馈互动机制，对养殖户的服务需求及时地进行收集、统计、分类、跟踪、预测，通过对资源的整合与管理，提高产业组织服务供给质量。在此基础上，还应继续强化对共同目标的认可，进一步提升产业组织内部的信任度，有效缓解目前肉牛产业链内部各环节面临的信息不对称问题，合理利用社会资源，纾解产业组织的联结困难，为肉牛产业的发展创造更大的空间。合同契约的不规范直接导致信任度的变动，进而影响产业组织的稳定性，应增强契约合同的有效执行，提升产业组织内部之间的信任度和交易效率。二是规范合同的运行程序、健全合作监督机制，提高产业组织合作的可靠性。农户与其他经营主体的合作是共赢的决策，组织合作的合法性、合同的公正性、合同的履约情况等对养殖户的组织满意度都产生了重要的影响。对积极采取股份合作、利润返还、为农户承贷承还、提供信贷担保等的涉农企业给予一定的财政激励或税收优惠；对为产业链其他主体提供技术指导、质量检验检测、市场营销等服务的涉农企业予以一定的奖励。推动肉牛产业融合、规范合作程序、监督合同履行，使农户利益得到有效保障。三是进一步规范肉牛产业的发展，发挥其在实现产业兴旺与共同富裕方面的优势。从人畜清洁用水、肉牛产业基础设施、农业技术推广和培训、疫病防控等方面提高养殖户对政府的认同感和满意程度、幸福感和安全感。在深化肉牛产业改革和巩固农村基本经营制度的基础上，通过建立现代农业产业组织体系，以辐射带动、合作共助、生产性服务等方式，提升养殖户融入现代农业的能力和对现代农业生产方式的认知，降低养殖户的市场化风险，切实增强养殖户对产业组织的信任度和满意度。

(5) 设立专项肉牛产业扶持基金，强化主产区肉牛供给能力

牛肉供给能力的增强，关键是充分发挥主产区的优势。设立肉牛产业发展专项基金，重点支持肉牛养殖大县和特色优势肉牛养殖基地建设，支持地方特色肉牛品种繁育基地建设和推广，进而提升优势县区的牛肉供给能力。通过现代信息技术和大数据技术，整合专项基金和信贷基金，引领、带动和支持优势主产县市大力推进肉牛产业发展，避免套取补贴，以及将补贴政策与养殖基数、养殖主体和养殖基地挂钩等问题。具体来说，主要通过以下几个方面进行引导：一是需要通过基层畜牧站做好信息采集、生产服务、技术推广等基础工作，将政策落到实处。二是通过肉牛产业发展专项基金，针对不同生产区域和不同肉牛品种，完善补贴方式、补贴标准、补贴落实和补贴评价等补贴工作的规范细则。三是通过强化信贷支持，更好地解决养殖户贷款难、贷款贵等问题。重点强化主产区政策支持和落实，并给予一定的财政补贴和奖励支持。在科技创新与应用方面，提高肉牛投入产出效率，降低生产成本。实施并持续推进肉牛养殖大县计划，以保证牛肉的充分供给和质量安全，从而提高人民生活水平，奠定实现食品差异化选择的基础。四是借鉴和推广全国粮食生产大县、全国生猪养殖大县的表彰奖励与成功经验分享，有选择地重点推进全国肉牛生产大县建设。由国家、生产大县、经营主体共同成立肉牛产业发展基金，当犊牛价格下降超过一定幅度或者肉牛产业遭受重大灾害时，由产业发展基金出资补贴生产者的收入损失和灾害损失。

REFERENCES 参考文献

白丽，张润清，赵邦宏．农户参与不同产业化组织模式的行为决策分析：以河北省食用菌种植户为例［J］．农业技术经济，2015（12）：42－51.

蔡荣，蔡书凯．粮食主产区农户订单参与行为及交易绩效研究：以安徽省水稻种植户为例［J］．财贸研究，2013，24（2）：29－36.

蔡晓琳，方凯，张倩秋．乡村振兴背景下农户产业组织模式的选择［J］．统计与决策，2021（15）：161－165.

曹兵海，李俊雅，王之盛，等．2023年肉牛牦牛产业发展趋势与政策建议［J］．中国畜牧杂志，2023，59（3）：323－329.

曹建民，赵立夫，刘森挥，等．农牧业生产方式转变及其影响因素研究：利用有限混合模型对中国肉牛养殖方式转变的实证分析［J］．中国农村经济，2019（11）：69－82.

曹子坚，张鹏．构建合同农业中农户-企业利益联结的稳态机制［J］．农村经济，2009（9）：43－46.

陈德球，孙颖，王丹．关系网络嵌入、联合创业投资与企业创新效率［J］．经济研究，2021，56（11）：67－83.

陈健，苏志豪．小农户与现代农业有机衔接：结构、模式与发展走向：基于供给侧结构改革的视角［J］．南京农业大学学报（社会科学版），2019，19（5）：74－85，157.

陈勇强，祁春节．农产品供应链合作关系治理机制动态演化研究［J］．江西社会科学，2021，41（2）：209－217.

程华，卢凤君，谢莉娇．农业产业链组织的内涵、演化与发展方向［J］．农业经济问题，2019（12）：118－128.

仇焕广，栾昊，李瑾，等．风险规避对农户化肥过量施用行为的影响［J］．中国农村经济，2014（3）：85－96.

崔宝玉，刘丽珍．交易类型与农民专业合作社治理机制［J］．中国农村观察，2017（4）：17－31.

邓宏图，李康，柳昕．农业产业化中的“位势租”：形成机制与利润分配［J］．经济学动态，2018（10）：37－49.

邸玉玺，郑少锋．社会网络和交易成本对农户生产性正规信贷的影响［J］．西北农林科技大学学报（社会科学版），2022，22（1）：151－160.

丁存振，肖海峰．交易特性、农户产业组织模式选择与增收效应：基于多元 Logit 模型和 MTE 模型分析［J］．南京农业大学学报（社会科学版），2019，19（5）：130－142，159.

杜赞奇．文化、权力与国家：1900—1942 年的华北农村［M］．南京：江苏人民出版社，2010.

段培．农业生产环节外包行为响应与经济效应研究：以河南、山西小麦种植户为例［D］．杨凌：西北农林科技大学，2018.

丰志培，常向阳．中药材产业组织模式选择的影响因素分析：基于安徽省中药饮片企业的实证研究［J］．农业技术经济，2010（5）：55－63.

冯春，方晓舒，廖海燕．“公司＋农户”模式下的主体决策行为研究［J］．系统科学学报，2018，26（2）：117－120.

冯晓龙，刘明月，仇焕广，等．资产专用性与专业农户气候变化适应性生产行为：基于苹果种植户的微观证据［J］．中国农村观察，2018（4）：74－85.

傅晨．“公司＋农户”产业化经营的成功所在：基于广东温氏集团的案例研究［J］．中国农村经济，2000（2）：41－45.

高歌，崔宝玉．专用性资产赋能合作社提升经营绩效的作用机制及效果：基于新制度经济学视角的异质性分析［J］．农村经济，2022（12）：124－135.

高清，朱凯宁，靳乐山．新一轮退耕还林规模的收入效应研究：基于还经济林、生态林农户调查的实证分析［J］．农业技术经济，2021（4）：1－15.

高圆圆，陈哲．农业产业化经营组织模式演化逻辑、效益比较与未来发展取向［J］．贵州财经大学学报，2022（5）：102－111.

郜亮亮．中国农户在农地流转市场上能否如愿以偿?：流转市场的交易成本考察［J］．中国农村经济，2020（3）：78－96.

耿宁，李秉龙．产业链整合视角下的农产品质量激励：技术路径与机制设计［J］．农业经济问题，2014，35（9）：19－27.

苟茜，邓小翔．交易特性、社员身份与农业合作社合约选择［J］．华南农业大学学报（社会科学版），2019，18（1）：86－98.

郭红东，蒋文华．影响农户参与专业合作经济组织行为的因素分析：基于对浙江省农户的实证研究［J］．中国农村经济，2004（5）：10－16，30.

郭红东．我国农户参与订单农业行为的影响因素分析［J］．中国农村经济，2005（3）：

24 - 32.

郭涛，赵德起．中国现代农业经营体系发展水平测度及收入效应 [J]. 山西财经大学学报，2018，40 (10)：46 - 62.

郭熙保，吴方．合同农业能否有效提高家庭农场技术效率和收入：基于 812 个种植业家庭农场调查数据的倾向得分匹配分析 [J]. 农业技术经济，2022 (12)：23 - 42.

郭翔宇．推进农业高质量发展，以农业强省支撑农业强国建设 [J]. 农业经济与管理，2022 (6)：4 - 7.

郭晓鸣，廖祖君，付娆．龙头企业带动型、中介组织联动型和合作社一体化三种农业产业化模式的比较：基于制度经济学视角的分析 [J]. 中国农村经济，2007 (4)：40 - 47.

何秀荣．农业合作社的起源、发展和变革 [J]. 社会科学战线，2022 (10)：66 - 75.

何一鸣，罗必良．产业特性、交易费用与经济绩效：来自中国农业的经验证据 (1958—2008 年) [J]. 山西财经大学学报，2011，33 (3)：57 - 62.

何一鸣，张苇锟，罗必良．农业分工的制度逻辑：来自广东田野调查的验证 [J]. 农村经济，2020 (7)：1 - 13.

何一鸣，张苇锟，罗必良．农业交易特性、组织行为能力与契约形式的匹配：来自 2 759 个家庭农户的证据 [J]. 产经评论，2019，10 (6)：31 - 45.

胡定寰，陈志钢，孙庆珍，等．合同生产模式对农户收入和食品安全的影响：以山东省苹果产业为例 [J]. 中国农村经济，2006 (11)：17 - 24.

胡海，庄天慧．共生理论视域下农村产业融合发展：共生机制、现实困境与推进策略 [J]. 农业经济问题，2020 (8)：68 - 76.

胡新艳，许金海，陈文晖．农地确权方式与农户农业服务外包行为：来自 PSM - DID 准实验的证据 [J]. 南京农业大学学报 (社会科学版)，2022，22 (1)：128 - 138.

胡新艳，朱文珏，刘恺．交易特性、生产特性与农业生产环节可分工性：基于专家问卷的分析 [J]. 农业技术经济，2015 (11)：14 - 23.

胡新艳，朱文珏，罗锦涛．农业规模经营方式创新：从土地逻辑到分工逻辑 [J]. 江海学刊，2015 (2)：75 - 82.

黄惠春，管宁宁，杨军．生产组织模式推进农业经营规模化的逻辑与路径：基于江苏省的典型案例分析 [J]. 农业经济问题，2021 (11)：128 - 139.

黄梦思，孙剑，陈新宇．“农业龙头企业＋农户”模式中治理机制与农户续约意愿 [J]. 华中农业大学学报 (社会科学版)，2018 (4)：81 - 88.

黄宗智，彭玉生．三大历史性变迁的交汇与中国小规模农业的前景 [J]. 中国社会科学，

2007（4）：74－88，205－206.

黄宗智．华北的小农经济与社会变迁［M］．北京：中华书局，2000.

黄祖辉，傅琳琳．建设农业强国：内涵、关键与路径［J］．求索，2023（1）：132－141.

黄祖辉，朋文欢．农民合作社的生产技术效率评析及其相关讨论：来自安徽砀山县5镇（乡）果农的证据［J］．农业技术经济，2016（8）：4－14.

黄祖辉，王祖锁．从不完全合约看农业产业化经营的组织方式［J］．农业经济问题，2002（3）：28－31.

黄祖辉，张静，Kevin Chen．交易费用与农户契约选择：来自浙冀两省15县30个村梨农调查的经验证据［J］．管理世界，2008（9）：76－81.

黄祖辉．改革开放四十年：中国农业产业组织的变革与前瞻［J］．农业经济问题，2018（11）：61－69.

江光辉，胡浩．农业企业纵向一体化契约模式选择及动态演变：基于生猪养殖企业的案例分析［J］．南京农业大学学报（社会科学版），2022，22（3）：164－176.

江光辉，胡浩．生猪价格波动、产业组织模式选择与农户养殖收入：基于江苏省生猪养殖户的实证分析［J］．农村经济，2019（12）：96－105.

姜安印，杨志良．认知理性视角下小农户的行为逻辑［J］．华南农业大学学报（社会科学版），2021，20（2）：54－65.

李博伟，朱臻，沈月琴．产业组织模式对经济林种植户生态化经营的影响［J］．林业科学，2020，56（6）：152－164.

李谷成．资本深化、人地比例与中国农业生产率增长：个生产函数分析框架［J］．中国农村经济，2015（1）：14－30.

李虹韦，钟涨宝．农地经营规模对农户农机服务需求的影响：基于资产专用性差异的农机服务类型比较［J］．农村经济，2020（2）：31－39.

李尽梅，王凯．供给侧结构性改革背景下传统产业不同组织模式的效率研究：基于新疆36个棉纺企业的DEA模型实证分析［J］．学术论坛，2017，40（5）：129－134.

李静，陈亚坤．农业公司化是农业现代化必由之路［J］．中国农村经济，2022（8）：52－69.

李军，潘丽莎．乡村振兴背景下畜牧业高质量发展面临的主要矛盾与破解路径［J］．经济纵横，2022（8）：58－64.

李俊茹，王明利，杨春，等．中国肉牛产业全要素生产率的区域差异与影响因素：基于2013—2017年15省区的面板数据［J］．湖南农业大学学报（社会科学版），2019，20（6）：46－55.

李俊茹，王明利，杨春，等．中国肉牛全要素生产率时空分异特征分析：基于非参数共同前沿分析方法［J］．农业现代化研究，2021，42（1）：103－111.

李孔岳．农地专用性资产与交易的不确定性对农地流转交易费用的影响［J］．管理世界，2009（3）：92－98.

李霖，郭红东．产业组织模式对农户种植收入的影响：基于河北省、浙江省蔬菜种植户的实证分析［J］．中国农村经济，2017（9）：62－79.

李霖，王军，郭红东．产业组织模式对农户生产技术效率的影响：以河北省、浙江省蔬菜种植户为例［J］．农业技术经济，2019（7）：40－51.

李英，张越杰．基于质量安全视角的稻米生产组织模式选择及其影响因素分析：以吉林省为例［J］．中国农村经济，2013（5）：68－77.

李昱姣．马克思恩格斯“小农经济”理论的原始内涵：兼论小农经济和家庭生产组织形式的异同［J］．郑州大学学报（哲学社会科学版），2011，44（2）：47－51.

李周，温铁军，魏后凯，等．加快推进农业农村现代化：“三农”专家深度解读中共中央一号文件精神［J］．中国农村经济，2021（4）：2－20.

梁远，毕文泰，滕奎秀．家庭资产、社会互动与农村居民主观幸福感［J］．中国农业资源与区划，2022，43（8）：247－257.

梁远，毕文泰．新发展格局下的我国农产品贸易与发展：现实困境和纾解路径［J］．河南工业大学学报（社会科学版），2022，38（1）：12－18.

梁远，毕文泰．信息追溯标签信任度对消费者农产品购买行为的影响研究：以可追溯鸡蛋为例［J］．山东农业大学学报（社会科学版），2021，23（1）：31－37.

梁远，张越杰，毕文泰．劳动力流动、农地流转对农户收入的影响［J］．农业现代化研究，2021，42（4）：664－674.

梁远，张越杰．产业组织模式对养殖户生产技术效率的影响：基于肉牛优势产区的调研［J］．中国畜牧杂志，2023（8）：1－11.

廖红伟，杨良平．乡村振兴背景下农村金融体系深化改革研究：基于交易成本理论视角［J］．现代经济探讨，2019（1）：114－121.

廖祖君，郭晓鸣．中国农业经营组织体系演变的逻辑与方向：一个产业链整合的分析框架［J］．中国农村经济，2015（2）：13－21.

林文声，秦明，郑适，等．资产专用性对确权后农地流转的影响［J］．华南农业大学学报（社会科学版），2016，15（6）：1－9.

林毅夫．新结构经济学：重构发展经济学的框架［J］．经济学（季刊），2011，10（1）：1－32.

刘斐．谷子种植户参与产业融合的效应研究［D］．杨凌：西北农林科技大学，2020.
刘森挥，曹建民，张越杰．农户组织模式与其技术效率的关系：一个考虑样本异质性的分析［J］．农业技术经济，2019（12）：68－79.
刘森挥．我国肉牛养殖业全要素生产率变动及提升路径研究［D］．长春：吉林农业大学，2019.
刘晓鸥，邸元．订单农业对农户农业生产的影响：基于三省（区）1 041 个农户调查数据的分析［J］．中国农村经济，2013（4）：48－59.
刘源，王斌，朱炜．纵向一体化模式与农业龙头企业价值实现：基于圣农和温氏的双案例研究［J］．农业技术经济，2019（10）：114－128.
刘云菲，李红梅，马宏阳．中国农垦农业现代化水平评价研究：基于熵值法与 TOPSIS 方法［J］．农业经济问题，2021（2）：107－116.
龙方，任木荣．农业产业化产业组织模式及其形成的动力机制分析［J］．农业经济问题，2007（4）：34－38.
陆泉志，张益丰．合作社多元社会化服务的社员增收效应：基于山东省农户调研数据的“反事实”估计［J］．西北农林科技大学学报（社会科学版），2022，22（1）：129－140.
罗必良，刘成香，吴小立．资产专用性、专业化生产与农户的市场风险［J］．农业经济问题，2008（7）：10－15，110.
罗必良．合作机理、交易对象与制度绩效：温氏集团与长青水果场的比较研究［J］．中国制度变迁的案例研究，2008（0）：542－593.
罗必良．农业产业组织：演进、比较与创新：基于分工维度的制度经济学研究［M］．北京：中国经济出版社，2002.
罗必良．农业产业组织：一个解释模型及其实证分析［J］．制度经济学研究，2005（1）：59－70.
罗建利，郭红东，贾甫．技术获取模式、技术溢出和创新绩效：以农民合作社为例［J］．科研管理，2019，40（5）：120－133.
罗千峰，罗增海．合作社再组织化的实现路径与增效机制：基于青海省三家生态畜牧业合作社的案例分析［J］．中国农村观察，2022（1）：91－106.
聂辉华．最优农业契约与中国农业产业化模式［J］．经济学（季刊），2013，12（1）：313－330.
牛波，胡建中．四川丘陵地区农业产业组织模式创新研究［J］．软科学，2012，26（11）：110－112.

牛文浩，申淑虹，蔡孟洋，等．农业产业组织能否影响农户安全生产行为：来自陕西省眉县500户猕猴桃种植户的证据［J］．农业技术经济，2022（1）：114-128.

牛晓帆．西方产业组织理论的演化与新发展［J］．经济研究，2004（3）：116-123.

戚振宇，汤吉军，张壮．比较制度分析视域下我国农业产业化组织模式的优化［J］．财会月刊，2020（2）：131-136.

齐琦，周静，王绪龙，等．基层组织嵌入农村人居环境治理：理论契合、路径选择与改革方向［J］．中国农业大学学报（社会科学版），2021，38（2）：128-136.

齐文浩，齐秀琳，杨兴龙．互联网时代农产品交易模式的选择与演进研究［J］．经济纵横，2021（11）：103-110.

祁应军．不同草场产权的界定与实施：基于产权交易成本视角的对比分析［J］．中国农村经济，2021（11）：55-71.

恰亚诺夫．农民经济组织［M］．萧正洪，译．北京：中央编译出版社，1996.

尚旭东，叶云．农业产业化联合体：组织创新、组织异化、主体行为扭曲与支持政策取向［J］．农村经济，2020（3）：1-9.

石自忠，王明利，胡向东，等．我国肉牛养殖效率及影响因素分析［J］．中国农业科技导报，2017，19（2）：1-8.

宋金田，祁春节．农户合作行为形成与发展：基于新制度经济学视角的案例分析［J］．华中农业大学学报（社会科学版），2013（6）：44-52.

谭永风，陆迁，张淑霞．契约农业能否促进养殖户绿色生产转型［J］．农业技术经济，2022（7）：16-33.

汤吉军，戚振宇，李新光．农业产业化组织模式的动态演化分析：兼论农业产业化联合体产生的必然性［J］．农村经济，2019（1）：52-59.

田露，张越杰．肉牛产业链组织模式选择及其影响因素分析：基于河南等14个省份341个养殖户（场）的调查［J］．中国农村经济，2010（5）：56-64.

田露，张越杰．中国肉牛产业链组织效率及其影响因素分析：基于14个省份233份调查问卷的分析［J］．农业经济问题，2010，31（6）：87-91.

涂洪波，鄢康．家庭农场的纵向协作模式选择［J］．华南农业大学学报（社会科学版），2018，17（6）：22-30.

万俊毅，曾丽军．合作社类型、治理机制与经营绩效［J］．中国农村经济，2020（2）：30-45.

汪爱娥，包玉泽．农业产业组织与绩效综述［J］．华中农业大学学报（社会科学版），2014（4）：70-75.

王爱群，夏英．合同关系与农业垂直一体化应用比较研究［J］．农业经济问题，2006（7）：38－41，80.

王洪煜，胡伦，陆迁．小农户参与农业价值链活动对生产绩效的影响［J］．西北农林科技大学学报（社会科学版），2021，21（2）：130－139.

王克强，许茹毅，刘红梅．土地流转信托对农业生产效率的影响研究：基于黑龙江省桦川县水稻农户信托项目的实证分析［J］．农业技术经济，2021（4）：122－132.

王丽娟，刘莉，叶得明．甘肃省肉羊产业组织模式选择的影响因素［J］．干旱区地理，2013，36（6）：1170－1176.

王明利，李鹏程，马晓萍．规模化选择对畜牧业高质量发展的影响及其路径优化：基于生猪养殖规模化视角［J］．中国农村经济，2022（3）：12－35.

王太祥，周应恒．"合作社＋农户"模式真的能提高农户的生产技术效率吗：来自河北、新疆两省区387户梨农的证据［J］．石河子大学学报（哲学社会科学版），2012，26（1）：73－77.

王颜齐，史修艺．组织化内生成本视角下小农户与现代农业衔接问题研究［J］．中州学刊，2019（9）：33－40.

王翌秋，祝云逸，曹蕾，等．资产专用性、风险规避与农机户生产经营行为研究［J］．财贸研究，2019，30（11）：39－47.

王志刚，于滨铜．农业产业化联合体概念内涵、组织边界与增效机制：安徽案例举证［J］．中国农村经济，2019（2）：60－80.

卫志民．近70年来产业组织理论的演进［J］．经济评论，2003（1）：86－90，115.

温映雪，刘伟平．资产专用性与交易频率对农户林业生产环节外包决策的影响［J］．东南学术，2021（6）：196－205.

温忠麟，张雷，侯杰泰，等．中介效应检验程序及其应用［J］．心理学报，2004（5）：614－620.

吴本健，肖时花，马九杰．农业供给侧结构性改革背景下的农业产业化模式选择：基于三种契约关系的比较［J］．经济问题探索，2017（11）：183－190.

吴汉洪．西方产业组织理论在中国的引进及相关评论．政治经济学评论，2019，10（1）：3－21.

吴曼，赵帮宏，宗义湘．农业公司与农户契约形式选择行为机制研究：基于水生蔬菜产业的多案例分析［J］．农业经济问题，2020（12）：74－86.

肖文韬．交易封闭性、资产专用性与农村土地流转［J］．学术月刊，2004（4）：37－42.

肖兴志，吴绪亮．产业组织理论研究的新领域、新问题与新方法：2012年产业组织前沿

问题研讨会综述 [J]. 经济研究，2012，47 (8)：146 - 151.
徐健，汪旭晖. 订单农业及其组织模式对农户收入影响的实证分析 [J]. 中国农村经济，2009 (4)：39 - 47.
徐涛. 中国制造业的国际竞争力：基于网络型产业组织的分析 [J]. 中国工业经济，2009 (11)：77 - 86.
徐旭初，金建东，嵇楚洁. 组织化小农与小农组织化 [J]. 学习与探索，2019 (12)：88 - 97.
徐忠爱. 基于契约规制的农村经济组织模式研究 [J]. 经济学家，2010 (2)：61 - 69.
薛莹. 基于交易费用视角农户农业生产性服务行为与契约选择研究 [D]. 沈阳：沈阳农业大学，2021.
严成樑. 现代经济增长理论的发展脉络与未来展望：兼从中国经济增长看现代经济增长理论的缺陷 [J]. 经济研究，2020，55 (7)：191 - 208.
颜双波. 基于熵值法的区域经济增长质量评价 [J]. 统计与决策，2017 (21)：142 - 145.
杨春，王明利. 草原生态保护补奖政策下牧区肉牛养殖生产率增长及收敛性分析 [J]. 农业技术经济，2019 (3)：96 - 105.
杨丹，刘自敏. 农户专用性投资、农社关系与合作社增收效应 [J]. 中国农村经济，2017 (5)：45 - 57.
杨欢进，杨洪进. 组织支撑：农业产业化的关键 [J]. 管理世界，1998 (4)：207 - 210.
杨明洪. 农业产业化经营组织形式演进：一种基于内生交易费用的理论解释 [J]. 中国农村经济，2002 (10)：11 - 15.
杨汝岱，陈斌开，朱诗娥. 基于社会网络视角的农户民间借贷需求行为研究 [J]. 经济研究，2011，46 (11)：116 - 129.
杨小凯，张永生. 新贸易理论、比较利益理论及其经验研究的新成果：文献综述 [J]. 经济学 (季刊)，2001 (1)：19 - 44.
杨永华. 舒尔茨的《改造传统农业》与中国三农问题 [J]. 南京社会科学，2003 (9)：28 - 31.
叶敬忠，张明皓. 小农户为主体的现代农业发展：理论转向、实践探索与路径构建 [J]. 农业经济问题，2020 (1)：48 - 58.
应瑞瑶，王瑜. 交易成本对养猪户垂直协作方式选择的影响：基于江苏省 542 户农户的调查数据 [J]. 中国农村观察，2009 (2)：46 - 56，85.
于法稳，黄鑫，王广梁. 畜牧业高质量发展：理论阐释与实现路径 [J]. 中国农村经济，2021 (4)：85 - 99.

苑鹏，张瑞娟．新型农业经营体系建设的进展、模式及建议［J］．江西社会科学，2016，36（10）：47－53.

苑鹏．“公司＋合作社＋农户”下的四种农业产业化经营模式探析：从农户福利改善的视角［J］．中国农村经济，2013（4）：71－78.

昝梦莹．我国畜禽肉类产品市场分析与对策建议［J］．西北农林科技大学学报（社会科学版），2021，21（3）：149－155.

张晨颖，李兆阳．竞争中性政策的逻辑、构建与本土化实施［J］．河北法学，2020，38（6）：73－88.

张闯，夏春玉，梁守砚．关系交换、治理机制与交易绩效：基于蔬菜流通渠道的比较案例研究［J］．管理世界，2009（8）：124－140.

张闯，周洋，田敏．订单农业中的交易成本与关系稳定性：中间商的作用：以安徽某镇养鸡业流通渠道为例［J］．学习与实践，2010（1）：30－37.

张康洁，吴国胜，尹昌斌，等．绿色生产行为对稻农产业组织模式选择的影响：兼论收入效应［J］．中国农业大学学报，2021，26（4）：225－239.

张康洁，于法稳，尹昌斌．产业组织模式对稻农绿色生产行为的影响机制分析［J］．农村经济，2021（12）：72－80.

张康洁．产业组织模式视角下稻农绿色生产行为研究［D］．北京：中国农业科学院，2021.

张连刚，陈卓．农民专业合作社提升了农户社会资本吗?：基于云南省506份农户调查数据的实证分析［J］．中国农村观察，2021（1）：106－121.

张五常．交易费用的范式［J］．社会科学战线，1999（1）：1－9.

张延龙．信任困境、合作机制与“资产收益扶贫”产业组织发展：一个农业龙头企业垂直解体过程中的策略与实践［J］．中国农村经济，2019（10）：81－97.

张元洁，田云刚．马克思的产业理论对乡村产业振兴的指导意义［J］．中国农村经济，2020（10）：2－16.

赵佳佳，魏娟，刘军弟，等．信任有助于提升创业绩效吗?：基于876个农民创业者的理论探讨与实证检验［J］．中国农村观察，2020（4）：90－108.

郑风田，崔梦怡，郭宇桥，等．家庭农场领办合作社对农场绩效的影响：基于全国556个家庭农场两期追踪调查数据的实证分析［J］．中国农村观察，2022（5）：80－103.

郑军南，徐旭初，黄祖辉，等．中国奶业多层级共生演化分析［J］．中国畜牧杂志，2016，52（8）：50－55.

郑军南．社会嵌入视角下的合作社发展：基于一个典型案例的分析［J］．农业经济问题，

2017，38（10）：69－77.

郑军南．我国奶业产业组织模式的演化及其选择：理论与实证研究［D］．杭州：浙江大学，2017.

郑双怡，冯琼．农民专业合作社发展中的农户行为选择逻辑与组织化［J］．改革，2021（11）：130－140.

钟真，蒋维扬，赵泽瑾．农业产业化联合体的主要形式与运行机制：基于三个典型案例的研究［J］．学习与探索，2021（2）：91－101.

钟真，孔祥智．产业组织模式对农产品质量安全的影响：来自奶业的例证［J］．管理世界，2012（1）：79－92.

钟真，涂圣伟，张照新．紧密型农业产业化利益联结机制的构建［J］．改革，2021（4）：107－120.

周静，毕文泰，梁远，等．电商行为对农户收入差距的影响研究：基于辽宁省的调研［J］．东北农业科学，2020，45（1）：59－62，93.

周立，李彦岩，罗建章．合纵连横：乡村产业振兴的价值增值路径：基于一二三产业融合的多案例分析［J］．新疆师范大学学报（哲学社会科学版），2020，41（1）：63－72.

周立群，曹利群．商品契约优于要素契约：以农业产业化经营中的契约选择为例［J］．经济研究，2002（1）：14－19.

周月书，俞靖．规模农户产业链融资对生产效率的影响研究［J］．农业技术经济，2018（4）：65－79.

朱桂丽，洪名勇．农村产业融合对欠发达地区农户收入的影响：基于西藏532户青稞种植户的调查［J］．干旱区资源与环境，2021，35（1）：14－20.

朱喜安，魏国栋．熵值法中无量纲化方法优良标准的探讨［J］．统计与决策，2015（2）：12－15.

祝宏辉，王秀清．新疆番茄产业中农户参与订单农业的影响因素分析［J］．中国农村经济，2007（7）：67－75.

Abdul Mumin Y，Abdulai A. Social networks，adoption of improved variety and household welfare：Evidence from Ghana［J］．European Review of Agricultural Economics，2022，49（1）：1－32.

Alemayehu A，Bewket W. Determinants of smallholder farmers′ choice of coping and adaptation strategies to climate change and variability in the central highlands of Ethiopia［J］．Environmental Development，2017，24（7）：77－85.

Ao G，Liu Q，Qin L，et al. Organization model，vertical integration，and farmers' income growth：Empirical evidence from large - scale farmers in Lin' an，China [J]. Plos One，2021，16 (6)：15 - 30.

Arrow K J. The organization of economic activity：Issues pertinent to the choice of market versus non - market allocation，apud the analysis and evaluation of public expenditures：The PBB - System [C]. [S. l.]：Joint Economic Committee，1969.

Audretsch D B. Industrial organization and the organization of industries：Linking industry structure to economic performance [J]. Review of Industrial Organization，2018，52 (4)：603 - 620.

Baron，R M，Kenny D A. The moderator - mediator variable distinction in social psychological research：conceptual，strategic，and statistical considerations [J]. Journal of Personality and Social Psychology，1986，51 (6)：1173 - 1182.

Barrett C B，Bachke M E，Bellemare M F，et al. Smallholder participation in contract farming：Comparative evidence from five countries [J]. World Development，2012，40 (4)：715 - 730.

Barrett C B，Reardon T，Swinnen J，et al. Agri - food value chain revolutions in low - and middle - income countries [J]. Journal of Economic Literature，2022，60 (4)：1316 - 1377.

Bellemare M F. Agricultural extension and imperfect supervision in contract farming：Evidence from Madagascar [J]. Agricultural Economics，2010，41 (6)：507 - 517.

Benmehaia M A，Brabez F. Vertical relationships and food supply chain coordination：The case of processing tomato sector in Algeria [J]. New Medit New：Mediterranean Journal of Economics，Agriculture and Environment，2018，17 (2)：3 - 14.

Berry S，Gaynor M，Scott Morton F. Do increasing markups matter? Lessons from empirical industrial organization [J]. Journal of Economic Perspectives，2019，33 (3)：44 - 68.

Bidzakin J K，Fialor S C，Awunyo - vitor D，et al. Contract farming and rice production efficiency in Ghana [J]. Journal of Agribusiness in Developing and Emerging Economies，2020，10 (3)：269 - 284.

Butakov I A. Rigid form of cooperation between industrial enterprises in the natural resources sector：Institutional trap or survival strategy [J]. Upravlenets，2021，12 (3)：31 - 43.

Butt A，Imran F，Kantola J，et al. Cultural preparation for digital transformation of industrial organizations：A multi - case exploration of socio - technical systems [J]. International Conference on Applied Human Factors and Ergonomics. Springer，Cham，2021 (5)：457 - 463.

Chen W，Botchie D，Braganza A，et al. A transaction cost perspective on blockchain governance in global value chains [J]. Strategic Change，2022，31 (1)：75 - 87.

Coase R H. The nature of the firm [J]. Economica，1937，16 (4)：386 - 405.

Corchón，L Marini M. Handbook of game theory and industrial organization，volume II：Applications [M]. Cheltenham：Edward Elgar Publishing，2018.

Cuypers I R P，Hennart J F，Silverman B S，et al. Transaction cost theory：Past progress，current challenges，and suggestions for the future [J]. Academy of Management Annals，2021，15 (1)：111 - 150.

Dalheimer B，Kubitza C，Brümmer B. Technical efficiency and farmland expansion：Evidence from oil palm smallholders in Indonesia [J]. American Journal of Agricultural Economics，2021 (3)：25 - 46.

De Loecker J，Syverson C. An industrial organization perspective on productivity [J]. Handbook of Industrial Organization. Elsevier，2021，4 (1)：141 - 223.

Delfiyan F，Yazdanpanah M，Forouzani M，et al. Farmers′ adaptation to drought risk through farm - level decisions：The case of farmers in Dehloran county，Southwest of Iran [J]. Climate and Development，2021，13 (2)：152 - 163.

Deng W，Hendrikse G. Uncertainties and governance structure in incentives provision for product quality [J]. Network Governance，2013 (4)：179 - 203.

Dhiab H，Labarthe P，Laurent C. How the performance rationales of organisations providing farm advice explain persistent difficulties in addressing societal goals in agriculture [J]. Food Policy，2020，95 (1)：1 - 32.

Djorup S. The institutional isation of zero transaction cost theory：A case study in Danish district heating regulation [J]. Evolutionary and Institutional Economics Review，2021，18 (1)：159 - 174.

Dubbert C. Participation in contract farming and farm performance：Insights from cashew farmers in Ghana [J]. Agricultural Economics，2019，50 (6)：749 - 763.

Dzanku F M，Osei R D，Nkegbe P K，et al. Information delivery channels and agricultural technology uptake：Experimental evidence from Ghana [J]. European Review of Agricultural Economics，2022，49 (1)：82 - 120.

Ferto I，Szabo G G. The choice of supply channels in the Hungarian fruit and vegetable sector - a case study [J]. Kozgazdasagi Szemle Economic Review，2004，11 (5)：77 - 89.

Fischer E，Qaim M. Linking smallholders to markets：Determinants and impacts of farmer collective action in Kenya [J]. World Development，2012，40 (6)：1255 - 1268.

Foltean F S. Bridging marketing theory - practice gap to enhance firm performance：Introduction to the special issue [J]. Journal of Business Research，2019，104 (11)：520 - 528.

Gardner B L. Economic theory and farm politics [J]. American Journal of Agricultural Economics，1989，71 (5)：1165 - 1171.

Ghoshal S，Moran P. Bad for practice：A critique of the transaction cost theory [J]. Academy of Management Review，1996，21 (1)：13 - 47.

Goodhue R E，Heien D，Lee H，et al. Contract and quality in the California wine grape industry [J]. Review of Industrial Organization，2003，23 (2)：277.

Heidhues P，Köszegi B. Behavioral industrial organization [J]. Handbook of Behavioral Economics：Applications and Foundations，2018 (4)：517 - 612.

Hellin J，Lundy M，Meijer M. Farmer organization，collective action and market access in Meso - America [J]. Food Policy，2009，34 (1)：16 - 22.

Ito J，Bao Z，Su Q. Distributional effects of agricultural cooperation in China：Exclusion of smallholders and potential gains on participation [J]. Food Policy，2012，37 (6)：700 - 709.

Jackson W A. Active and passive trading relations [J]. Journal of Economic Issues，2019，53 (1)：98 - 114.

Ketokivi M，Mahoney J T. Transaction cost economics as a theory of supply chain efficiency [J]. Production and Operations Management，2020，29 (4)：1011 - 1031.

Kim B J，Chung J B. When beef consumption becomes politicized：Longitudinal change of US beef purchase intention and political values in Korea [J]. Food Policy，2021 (3)：55 - 86.

König L M，Araújo Soares V. Will the farm to fork strategy be effective in changing food consumption behavior? A health psychology perspective [J]. Applied Economic Perspectives and Policy，2021 (7)：445 - 452.

Lawrence J D，Hayenga M L. The US pork and beef sectors：Divergent organizational patterns, paradoxes and conflicts [J]. Paradoxes in Food Chains and Networks, 2002 (1): 512-521.

Liu Y, Ma W, Renwick A, et al. The role of agricultural cooperatives in serving as a marketing channel: Evidence from low-income regions of Sichuan province in China [J]. International Food and Agribusiness Management Review, 2019 (2): 265-282.

Ma M, Lin J, Sexton R J. The transition from small to large farms in developing economies: A welfare analysis [J]. American Journal of Agricultural Economics, 2022, 104 (1): 111-133.

Macchiavello R, Morjaria A. Competition and relational contracts in the Rwanda coffee chain [J]. The Quarterly Journal of Economics, 2021, 136 (2): 1089-1143.

Macneil I R, The new social contract theory: Challenges and queries [J]. Northwestern University Law Review, 2000, 94 (3): 877-906.

Macneil, Ian R. Contracts: Adjustment of long-term economic relations under classical, neoclassical and relational contract law [J]. Northwestern University Law Review, 1978 (72): 854-902.

Marino M, Rocchi B, Severini S. Conditional income disparity between farm and non-farm households in the European Union: A longitudinal analysis [J]. Journal of Agricultural Economics, 2021, 72 (2): 589-606.

McMackin J F, Chiles T H, Lam L W. Integrating variable risk preferences, trust, and transaction cost economics-25 years on: Reflections in memory of Oliver Williamson [J]. Journal of Institutional Economics, 2021 (7): 1-16.

Mighell R L, Jones L A. Vertical coordination in agriculture [R]. Washington: Farm Economics Division, Economic Research Service, US Department of Agriculture, 1963.

Minah, M. What is the influence of government programs on farmer organizations and their impacts? Evidence from Zambia [J]. Annals of Public and Cooperative Economics, 2022, 93 (5): 29-53.

Miyata S, Minot N, Hu D. Impact of contract farming on income: Linking small farmers, packers, and supermarkets in China [J]. World development, 2009, 37 (11): 1781-1790.

Mujawamariya G, D' Haese M, Speelman S. Exploring double side-selling in cooperatives, case study of four coffee cooperatives in Rwanda [J]. Food Policy, 2013

(39): 72-83.

Narayanan S. Profits from participation in high value agriculture: Evidence of heterogeneous benefits in contract farming schemes in Southern India [J]. Food Policy, 2014, 44 (7): 142-157.

North D C. A transaction cost Theory of Politics [J]. Journal of Theoretical Politics, 1990, 12 (4): 355-367.

Ola O, Menapace L. Smallholders′ perceptions and preferences for market attributes promoting sustained participation in modern agricultural value chains [J]. Food Policy, 2020, 97: 101-962.

Plott C R. Industrial organization theory and experimental economics [J]. Journal of Economic Literature, 1982, 20 (4): 1485-1527.

Ragasa C, Lambrecht I, Kufoalor D S. Limitations of contract farming as a Pro-poor strategy: The case of maize outgrower schemes in Upper West Ghana [J]. World Development, 2018, 102 (8): 30-56.

Ranjan P, Church S P, Floress K, et al. Synthesizing conservation motivations and barriers: What have we learned from qualitative studies of farmers' behaviors in the United States? [J]. Society & Natural Resources, 2019, 32 (11): 1171-1199.

Raynaud E, Schnaider P S B, Saes M S M. Surveying the economics of plural modes of organization [J]. Journal of Economic Surveys, 2019, 33 (4): 1151-1172.

Rezaei R, Mianaji S, Ganjloo A. Factors affecting farmers intention to engage in on-farm food safety practices in Iran: Extending the theory of planned behavior [J]. Journal of Rural Studies, 2018, 60 (22): 152-166.

Rindfleisch A. Transaction cost theory: Past, present and future [J]. AMS Review, 2020, 10 (1): 85-97.

Rude J. COVID-19 and the Canadian cattle/beef sector: A second look [J]. Canadian Journal of Agricultural Economics/Revue canadienne d′agroeconomie, 2021, 69 (2): 233-241.

Sanchez-Cartas J M. Agent-based models and industrial organization theory: A price-competition algorithm for agent-based models based on Game Theory [J]. Complex Adaptive Systems Modeling, 2018, 6 (1): 1-30.

Sauer J, Frohberg K, Hockmann H. Stochastic efficiency measurement: The curse of theoretical consistency [J]. Journal of applied Economics, 2006, 9 (1): 139-165.

Sheldon I. Industrial organization and trade in the food industries [M]. Florida: CRC Press, 2019.

Shi Z, Cao E. Risk pooling cooperative games in contract farming [J]. Canadian Journal of Agricultural Economics/Revue Canadienne D Agroeconomie, 2021, 69 (1): 117 - 139.

Shrestha R B, Huang W C, Gautam S, et al. Efficiency of small scale vegetable farms: Policy implications for the rural poverty reduction in Nepal [J]. Agricultural Economics, 2016, 62 (4): 181 - 195.

Shumeta Z, D' Haese M. Do coffee cooperatives benefit farmers ? An exploration of heterogeneous impact of coffee cooperative membership in Southwest Ethiopia [J]. International Food and Agribusiness Management Review, 2016, 19 (5): 37 - 52.

Shy O. Industrial organization: Theory and applications [M]. Cambridge: MIT press, 1996.

Siqueira T S, Galliano D, Nguyen G, et al. Organizational forms and agri - environmental practices: The case of Brazilian dairy farms [J]. Sustainability, 2021, 13 (7): 37 - 62.

Stanton R, Walden J, Wallace N. The industrial organization of the US residential mortgage market [J]. Annu. Rev. Financ. Econ., 2014, 6 (1): 259 - 288.

Sun S L, Chen V Z, Sunny S A, et al. Venture capital as an innovation ecosystem engineer in an emerging market [J]. International Business Review, 2019, 28 (5): 101485.

Van Campenhout B, Spielman D J, Lecoutere E. Information and communication technologies to provide agricultural advice to smallholder farmers: Experimental evidence from Uganda [J]. American Journal of Agricultural Economics, 2021, 10 (1): 317 - 337.

Waldman D E, Jensen E J. Industrial organization: Theory and practice [M]. London: Routledge, 2016.

Wang H H, Zhang Y, Wu L. Is contract farming a risk management instrument for Chinese farmers? Evidence from a survey of vegetable farmers in Shandong [J]. China Agricultural Economic Review, 2011, 4 (3): 489 - 505.

Warr P, Suphannachart W. Agricultural productivity growth and poverty reduction: Evidence from Thailand [J]. Journal of Agricultural Economics, 2021, 72 (2): 525 - 546.

Williamson O E. Comparative economic organization: The analysis of discrete structural alternatives [J]. Administrative Science Quarterly，1991，36 (2)：269－296.

Williamson O E. Markets and hierarchies：Some elementary considerations [J]. The American Economic Review，1973，63 (2)：316－325.

Williamson O E. The mechanisms of governance [M]. Oxford：Oxford University Press，1996.

Wollni M，Zeller M. Do farmers benefit from participating in specialty markets and cooperatives? The case of coffee marketing in Costa Rica [J]. Agricultural economics，2007，37 (3)：243－248.

Wu S Y. Contract theory and agricultural policy analysis：A discussion and survey of recent developments [J]. Australian Journal of Agricultural and Resource Economics，2006，50 (4)：490－509.

Yin R K. Case study research and applications [M]. Los Angeles：Sage，2018.

Zhang L，Li X，Yu J，et al.，Toward cleaner production：What drives farmers to adopteco－friendly agricultural production? [J]. Journal of Cleaner Production，2018，18 (12)：550－558.

APPENDIX **附　录**

附录1　肉牛养殖户调研问卷

2021年肉牛养殖户（场）调研问卷

养殖场（户）地址：______省______市______县______镇______村

被调查人姓名：______联系方式：______调研员：______调查时间：______

一、基本情况

1. 是否为户主：______（1）是；（0）否

2. 您的性别：______（1）男；（0）女

3. 您的年龄：______周岁

4. 您的受教育程度：______

（1）小学；（2）初中；（3）高中；（4）大专或本科；（5）硕士及以上

5. 您的健康状况：______

（1）非常差；（2）比较差；（3）一般；（4）比较好；（5）非常好

6. 您是不是村干部：______（1）是；（0）否

7. 是否具有手艺技能（指泥瓦匠、木匠、竹匠、油漆、裁缝、理发、电焊、开车等之类的技能）：______（1）是；（0）否

8. 家庭类型：______（1）纯农户；（0）兼业农户

9. 您从事肉牛养殖的原因是：______

（1）家庭养殖传统；（2）跟风养殖；（3）肉牛养殖效益好；（4）政府引导；（5）合作社或龙头企业引导；（6）其他（请注明）______

10. 您的亲戚中是否有人从事肉牛相关产业：______

（1）有，______人；（0）否

11. 您家获取市场信息难易程度如何：______

（1）非常困难；（2）比较困难；（3）一般困难；（4）有一点困难；（5）完全无困难

12. 您是否经常和其他村民交流以下信息（肉牛价格、种牛选择、养殖技术等）：______

（1）从不；（2）偶尔；（3）一般；（4）频率较高；（5）经常

13. 您在村里生活得幸福吗：______

（1）非常不幸福；（2）比较不幸福；（3）一般；（4）比较幸福；（5）非常幸福

14. 您认为养牛风险大吗：______（1）是；（0）否

15. 您愿意接受何种风险收益的搭配：______

（1）不接受任何风险；（2）低风险低收益；（3）正常风险收益；

（4）较高风险较高收益；（5）高风险高收益

16. 养殖户（场）劳动力情况

家庭人口（人）	家庭劳动力数量（人）	全年从事肉牛养殖的劳动力（人）	外出务工人数（人）	从事肉牛养殖年限（年）	养殖雇佣工人数量（人）	雇佣工人年工作时长（月）	雇佣工人月工资（元/月）

17. 2021年家庭收入______万元，其中：种植业收入______元；养牛收入______元；其他养殖收入______元；外出务工收入______元；经商收入______元；其他______元。

18. 您家里每年的收入稳定性：______

（1）非常不稳定；（2）不太稳定；（3）一般；（4）比较稳定；（5）非常稳定

19. 农作物种植播种面积：玉米______亩；小麦______亩；水稻______亩；大豆______亩；花生______亩；牧草______亩；其他______亩。

20. 您每年施用农药______（千克/亩）；化肥______（千克/亩）。

21. 是否从事其他养殖业：______

（1）是，养殖类型______（0）否

二、生产情况

1. 饲养情况

1－1 基本情况

附表 1－1　肉牛饲养情况

单位：头

	当前存栏数	自繁数量	去年购入数	去年出售数	获得牛源途径
母牛					
犊牛					
架子牛					
育肥牛					

注：获得牛源途径包括 A 自繁自育；B 本地其他养殖户；C 从合作社购买；D 从龙头企业购买；E 牛贩子；F 犊牛繁育场；G 犊牛市场。

1－2 您家肉牛的饲养方式：______

（1）圈养；（2）放养；（3）圈养与放养结合

1－3 养殖场所在区域的自然环境整体怎样：______

其中，空气：______；水：______；土地：______

（1）优；（2）良；（3）一般；（4）较差；（5）很差

1－4 养殖场周边（圈舍周围）环境怎样：______

（1）优；（2）良；（3）一般；（4）较差；（5）很差

1－5 您饲养的主要肉牛品种及原因

附表 1－2　饲养肉牛品种及原因

肉牛品种名称	饲养头数	选择该品种的原因：A. 体型大，生长快；B. 饲料转化率高；C. 抗病能力强；D. 繁殖能力强；E. 有专人收购；F. 合作社、合作企业的选择；G. 其他

2. 饲料情况

2－1 肉牛饲料最主要获取途径：______

粗饲料来源：______，精饲料来源：______

（1）自己配置；（2）经销商或饲料代销点；（3）饲料厂

（4）合作社；（5）其他（请注明）______

2－2 购买饲料时，您通常采用什么方式：______

（1）市场自由交易；（2）固定合作关系；（3）纵向一体化（自己的饲料厂）

2－3 饲料成本

2－3－1 您大概多长时间购买一次饲料：______

（1）一周；（2）半个月；（3）一个月；（4）一季度；（5）其他

每次购买精饲料数量______斤，单价______元/斤；

每次购买粗饲料数量______斤，单价______元/斤；

2－3－2 您在购买饲料时主要考虑哪些方面：______

（1）价格；（2）营养成分；（3）提高肉牛免疫力；

（4）饲料转化率；（5）增重；（6）其他

附表 1－3　每日饲喂情况

	精饲料（斤/日）	粗饲料（斤/日）	精粗饲料比
母牛			
犊牛			
架子牛			
育肥牛			

2－4 您饲喂肉牛使用的粗饲料都有哪些种类：______

（1）秸秆；（2）青草；（3）干草；（4）青贮饲料；（5）黄贮饲料；（6）其他

2－5 是否在使用青贮饲料来喂养：______

（1）是，一年消耗______吨；（2）否

如是，所使用青贮饲料来源______

（1）自产；（2）附近农户；（3）种植合作社；（4）其他

2－6 是否获得青贮饲料政府补贴______（1）是，补贴______元；

（0）否

3. 养殖成本收益

3－1 2021年肉牛养殖数量______头，卖出______头，共获得净利润______万元

3－2 2021年肉牛养殖生产总成本为______万元

3－3 肉牛出售的难易程度______

（1）非常困难；（2）比较困难；（3）一般；（4）比较容易；（5）容易

3－4 您对2021年肉牛出售价格是否满意：______

（1）满意；（2）不满意，您理想的出售价格是______元/千克

附表1－4　肉牛养殖成本明细

	购入价格（元/头）	购入重量（千克/头）	养殖周期（月）	售出重量（千克/头）	售出价格（元/头）	头均净利润（元）	饲料成本（元/头）	人工成本（元/头）
母牛								
犊牛								
架子牛								
育肥牛								

3－5 其他成本：水电费______元/月

是否为农业用电价格：______（1）是；（0）否

4. 牛舍情况

附表1－5　牛舍情况

牛舍数量	建设年份	面积（米^2）	可容纳肉牛（头）	预计使用年限（年）	建设成本（元）
牛舍一					
牛舍二					
牛舍三					
牛舍四					

4－1 您的牛舍到居住区的最近距离：______米；

到河流、公共饮水井等民用取水点的最近距离：______米

4－2 您建牛舍时，是否同时考虑了污染控制设施方面？______

(1) 是；(0) 否

4-3 您在初建牛舍（场）时主要的资金来源：______；

(1) 自筹；(2) 银行贷款；(3) 社会借款；(4) 他人借款；(5) 其他

是否享受国家补贴及金额______ (1) 是，有______元；(0) 否

4-4 牛舍建设时是否考虑粪污处理设施（例如污水道、堆粪场、沉降池、雨污分离等）：______ (1) 是；(0) 否

建设成本______元，享受国家补贴______元

5. 养牛资金

5-1 投入自有资金______万元，正规金融部门贷款______万元，贷款用途：______

(1) 购买架子牛；(2) 购买饲料；(3) 建造厂房；(4) 生活贷款；(5) 其他

5-2 持有资金是否满足需求：______

(1) 缺口较大；(2) 基本满足；(3) 完全满足

如果存在缺口，需要______万元才能满足您肉牛养殖需要

5-3 您家获得养牛资金的难易程度：______

(1) 非常困难；(2) 比较困难；(3) 一般；(4) 比较容易；(5) 非常容易

5-4 如果贷款有难度，原因是：______

(1) 手续烦琐、附加条件多；(2) 贷款额度小、贷款期限短；(3) 利率高；(4) 无抵押与担保；(5) 没有较好人际关系

5-5 在您贷款时，是否享受到政府补贴政策：______ (1) 是；(0) 否

若享有优惠，您家共获得政府补贴的金额：______万元

6. 技术培训情况

6-1 您参加过肉牛绿色饲养技术的培训吗：______ (1) 是；(0) 否

6-2 接受肉牛绿色养殖技术培训次数：______次

若参加过，是谁举办的：______

(1) 政府兽医站；(2) 屠宰或加工企业；(3) 饲料销售商；

(4) 肉牛企业或合作社；(5) 其他

6-3 您是否参加过“无抗养殖”以及兽药使用相关培训：______

(1) 是；(0) 否

6-4 您有参加过肉牛粪污处理技术的培训吗：______ (1) 是；(0) 否

接受肉牛粪污处理技术培训次数______次；

若参加过，是谁举办的：______

(1) 政府及村委会；(2) 环保相关单位；(3) 企业（屠宰加工、销售）

(4) 合作社；(5) 其他

7. 防疫管理情况

7-1 对牛舍进行消毒的频率：______

(1) 一周一次；(2) 半个月一次；(3) 一月一次；(4) 三个月一次；(5) 其他

7-2 是否定期给牛打防疫针：______

(1) 是，多长时间一次______；(0) 否

7-3 头均防疫费：______

(1) 低于5元/头；(2) 5～10元/头；(3) 10～20元/头；(4) 20～30元/头；(5) 其他

7-4 头均药费和治疗费：______

(1) 低于5元/头；(2) 5～10元/头；(3) 10～20元/头；(4) 其他

三、产业组织参与情况

1. 您参与了何种产业组织：______

(1) 合作社＋养殖户（场）；(2) 公司＋合作社＋养殖户（场）；

(3) 公司＋养殖户（场）；(4) 无

1-1 参加了，与______签订了交易合同：

(1) 企业；(2) 企业建立的基地；(3) 合作社；(4) 其他______（请注明）

1-2 参加了，与______签订了订单合同：

(1) 企业；(2) 企业建立的基地；(3) 合作社；(4) 其他______（请注明）

1-3 没有参加，因为（可多选）：______

(1) 缴纳会费，不愿意参加；(2) 收购价格与市场价格没差别；

（3）形式，没有实质好处；（4）愿意，当地没有；（5）没人介绍，无法参加；

（6）规模小，没有参加；（7）其他______（请注明）

2. 您与目前的合作对象合作了多长时间：______年

3. 如果参与合作社，您是否拥有股份：______（1）是；（0）否

3-1 如果有，您以何种形式入股：______

（1）土地入股；（2）养牛设备入股；（3）资金入股；（4）其他______（请注明）

3-2 如果有，您占股比例为______%

4. 您对该合作社（或公司）的信任程度如何：______

（1）非常不信任；（2）比较信任；（3）一般；（4）比较信任；（5）非常信任

5. 该合作社（或公司）是否特别要求您做以下工作：______（可多选）

（1）用合作社提供的投入品；（2）按合作社规定的时间和方式进行农事活动；（3）参加组织培训；（4）按规定的时间、数量和质量交付产品；（5）其他（请注明）______

6. 在培训后，您对培训内容的采用情况是：______

（1）完全没有；（2）少部分；（3）有一些；（4）大部分；（5）全部

7. 从您签订合同以来，您是否有违约记录：______

（1）是，目前为止违约______次；（0）否

7-1 违约原因：______

（1）与公司管理者产生矛盾；（2）市场收购价格更高，卖给别人；

（3）其他（请注明）______

7-2 该公司是否有过违约记录：______

（1）是，目前为止违约______次；（0）否

7-3 违约原因：______

（1）产品质量不符合组织规定的要求，企业拒收；（2）数量不够，企业拒收；（3）交货时间不及时，企业拒收；（4）其他（请注明）______

8. 参与该公司对您生产和销售的影响（实行打分制）

附表 1-6　参与该公司对生产和销售的影响

指标	影响程度	
1. 参加该公司后评价产量提高	有所提高（1分）	未提高（0分）
2. 参加该公司后生产产量有所稳定	有所稳定（1分）	明显稳定（2分）
3. 参加该公司后产品品质有所提高	有所提高（1分）	明显提高（2分）
4. 参加该公司后评价生产成本降低	有所降低（1分）	未降低（0分）
5. 参加该公司后平均销售成本降低	有所降低（1分）	未降低（0分）
6. 参加该公司后平均销售价格提高	有所提高（1分）	未提高（0分）
7. 参加该公司后平均销售价格有所稳定	有所稳定（1分）	明显稳定（2分）

9. 您的交易或合作对象是否会提供以下服务且满意程度如何？

附表 1-7　对交易或合作对象提供的服务的满意度

提供的服务		是否提供	满意程度
		[1] 是； [0] 否	[1] 非常不满意；[2] 较不满意； [3] 一般；[4] 比较满意；[5] 非常满意
养殖服务	饲料供应服务	[1] [0]	[1] [2] [3] [4] [5]
	犊牛供应服务	[1] [0]	[1] [2] [3] [4] [5]
	种牛供应服务	[1] [0]	[1] [2] [3] [4] [5]
	养牛设备供应服务	[1] [0]	[1] [2] [3] [4] [5]
	养殖技术培训服务	[1] [0]	[1] [2] [3] [4] [5]
疫病防治服务	兽药供应服务	[1] [0]	[1] [2] [3] [4] [5]
	疫病防治服务	[1] [0]	[1] [2] [3] [4] [5]
信息服务	价格信息服务	[1] [0]	[1] [2] [3] [4] [5]
	政策信息服务	[1] [0]	[1] [2] [3] [4] [5]
粪污处理服务	粪污收储服务	[1] [0]	[1] [2] [3] [4] [5]
	粪污运输服务	[1] [0]	[1] [2] [3] [4] [5]
	粪污利用技术服务	[1] [0]	[1] [2] [3] [4] [5]
其他服务	融资贷款服务	[1] [0]	[1] [2] [3] [4] [5]
	统一销售服务	[1] [0]	[1] [2] [3] [4] [5]
	养殖小区服务	[1] [0]	[1] [2] [3] [4] [5]

附录2　肉牛合作社理事长调研问卷

（仅列出本研究案例所涉及部分）

2021年肉牛合作社理事长调研问卷

被调查合作社地址：______省______市______县______镇______村

被调查合作社名称：____

被调查人姓名：______联系方式：______调查时间：______

一、合作社发展基本情况

1. 您是合作社的______，您的学历是______，是否为村干部/人大代表等（请注明）______

2. 合作社社员共有______户；

2-1 是否与入社养殖户签订书面协议：______（1）是；（0）否

3. 合作社是否为示范社：______

（1）国家级；（2）省级；（3）市级；（4）县级；（5）非示范社

4. 合作社注册资金：______万元；成员总出资额：______万元

5. 合作社是否有自动称重系统：______（1）是；（0）否

6. 合作社是否有恒温水槽：______（1）是；（0）否

7. 合作社是否有智能化管理系统：______（1）是；（0）否

8. 合作社是否采用自动喂料系统：______（1）是；（0）否

9. 合作社是否采用自动饮水系统：______（1）是；（0）否

10. 合作社是否有饲料加工设备：______（1）是；（0）否

二、合作社与养殖户关系

1. 合作社为参与的养殖户提供生产经营服务有：______（可多选）

（1）饲料供应服务；（2）犊牛供应服务；（3）种牛供应服务；

（4）兽药、疫病防治服务；（5）养殖技术培训；

（6）养牛设备供应服务；（7）价格、政策信息服务；

（8）融资、贷款服务；（9）统一销售服务；

（10）其他（请注明）______

2. 犊牛供应情况

2－1 价格是否有优惠：______（1）是；（0）否

2－2 质量是否更高：______（1）是；（0）否

2－3 参与订单的养殖户是否必须使用合作社提供的犊牛：________（1）是；（0）否

3. 种牛供应情况

3－1 价格是否有优惠：______（1）是；（0）否

3－2 质量是否更高：______（1）是；（0）否

3－3 参与订单的养殖户是否必须使用合作社提供的种牛：________（1）是；（0）否

4. 养牛设备供应情况

4－1 价格是否有优惠：______（1）是；（0）否

4－2 质量是否更高：______（1）是；（0）否

4－3 参与订单的养殖户是否必须使用合作社提供的养牛设备：_______（1）是；（0）否

5. 养殖技术培训情况

5－1 是否免费：______（1）是；（0）否

5－2 培训内容：______（可多选）

（1）相关生产技术；（2）经营管理知识；（3）肉牛防疫知识；（4）法律法规和政策；

（5）合作社相关知识；（6）绿色养殖技术；（7）其他（请注明）______

6. 是否统一收购养殖户的肉牛：______（1）是；（0）否（若答案为否，则 7、8、9 题不答）

7. 在收购养殖户肉牛时是否分级收购：______（1）是；（0）否

8. 合作社在收购养殖户肉牛时的价格：______

（1）随行就市价格；（2）最低保护价格（市场价格高于保护价格时随行就市）；

（3）固定价格；（4）代购代销（市场价格扣除购销手续费）；

（5）市场价格加一定比例；（6）其他（请注明）______

9. 在社员生产过程中，合作社如何对养殖户的生产过程进行监督与控制，以确保牛肉的质量：______（可多选）

（1）通过对饲料、犊牛与种牛等投入品的控制，确保牛肉的质量；

（2）通过派人巡视对生产过程进行控制，确保牛肉的质量；

（3）通过参与养殖户之间互相监督，确保牛肉的质量；

（4）通过对生产过程随机抽查；（5）收购时检测；（6）其他（请注明）______

三、合作社所在地社会发展情况

1. 当地养殖户对肉牛合作社了解程度：______

（1）基本不了解；（2）比较不了解；（3）一般；（4）比较了解；（5）非常了解

2. 所在村共有______家肉牛合作社；提供销售服务的有______家；

所在村共有______家肉牛养殖或屠宰加工企业

附录3　肉牛养殖或屠宰加工企业管理者调研问卷

（仅列出本研究案例所涉及部分）

2021年肉牛养殖或屠宰加工企业管理者调研问卷

被调查企业地址：______省______市______县______镇______村

被调查企业名称：____

被调查人姓名：______联系方式：______调查时间：______

一、企业发展基本情况

1. 您是企业的______，您的学历是______，是否为村干部/人大代表等（请注明）______

2. 贵企业成立于______年，主营产品是：______

3. 贵企业是属于下列哪类龙头企业：______

（1）国家级；（2）省级；（3）市级；（4）县级；（5）无级别

4. 贵企业注册资金：______万元

5. 贵企业有管理人员______人；兽医______人，月工资______元；雇佣劳动力______人，月工资______元

6. 贵企业主营经济收入来源：______（可多选）

（1）养牛收入______万元；（2）其他养殖收入______万元；

（3）屠宰加工收入______万元；（4）有机肥生产收入______万元；（5）其他______元

7. 贵企业每年屠宰的肉牛中来自自身养殖______%，来自签约农户______%，来自签约合作社______%，来自市场购买______%

8. 生产情况

8-1 贵企业所在地区的地理特点属于：______

（1）平原地区；（2）丘陵地区；（3）山区；（4）其他类型（请注明）______

8－1－1 贵企业所在地区的草原面积：______亩

8－2 贵企业的肉牛饲养方式：______（1）圈养；（2）放养；（3）圈养与放养结合

8－3 贵企业肉牛存栏结构情况

附表 3－1 企业肉牛存栏情况

	2020 年	现在
年末肉牛存栏量（头）		
母牛存栏量（头）		
犊牛存栏量（头）		
架子牛存栏量（头）		
育肥牛存栏量（头）		
年末肉牛死亡头数（头）		

8－4 贵企业肉牛养殖的出栏及销售情况

附表 3－2 企业肉牛养殖出栏及销售情况

		2020 年	现在
母牛	出栏量（头）		
	平均活体重（千克/头）		
	平均价格（元/千克）		
	养殖周期（月）		
犊牛	出栏量（头）		
	平均活体重（千克/头）		
	平均价格（元/千克）		
	养殖周期（月）		
架子牛	出栏量（头）		
	平均活体重（千克/头）		
	平均价格（元/千克）		
	养殖周期（月）		
育肥牛	出栏量（头）		
	平均活体重（千克/头）		
	平均价格（元/千克）		
	养殖周期（月）		

8－5 贵企业是否在牛耳装有电子耳标：______（1）是；（0）否

8－6 贵企业是否有自动称重系统：______（1）是；（0）否

8－7 贵企业是否有恒温水槽：______ （1）是；（0）否

8－8 贵企业是否有智能化管理系统：______ （1）是；（0）否

8－9 贵企业是否采用自动喂料系统：______ （1）是；（0）否

8－10 贵企业是否采用自动饮水系统：______ （1）是；（0）否

8－11 贵企业是否有饲料加工设备：______ （1）是；（0）否

二、企业与养殖户关系

1. 贵企业是否成立肉牛合作社：______ （1）是，合作社成立了______年；（0）否

是否与入社养殖户签订书面协议：______ （1）是；（0）否

2. 贵企业为参与的养殖户提供生产经营服务有：______（可多选）

（1）饲料供应服务；（2）犊牛供应服务；（3）种牛供应服务；

（4）兽药、疫病防治服务；（5）养殖技术培训；

（6）养牛设备供应服务；（7）价格、政策信息服务；

（8）融资、贷款服务；（9）统一销售服务；

（10）养殖小区服务；（11）其他（请注明）______

3. 犊牛供应情况

3－1 价格是否有优惠：______ （1）是；（0）否

3－2 质量是否更高：______ （1）是；（0）否

3－3 参与订单的养殖户是否必须使用企业提供的犊牛：________

（1）是；（0）否

4. 种牛供应情况

4－1 价格是否有优惠：______ （1）是；（0）否

4－2 质量是否更高：______ （1）是；（0）否

4－3 参与订单的养殖户是否必须使用企业提供的种牛：________

（1）是；（0）否

5. 养牛设备供应情况

5－1 价格是否有优惠：______ （1）是；（0）否

5－2 质量是否更高：______ （1）是；（0）否

5－3 参与订单的养殖户是否必须使用企业提供的养牛设备：______

（1）是；（0）否

6. 养殖技术培训情况

6－1 是否免费：______（1）是；（0）否

6－2 培训内容：______（可多选）

（1）相关生产技术；（2）经营管理知识；

（3）肉牛防疫知识；（4）法律法规和政策；

（5）企业相关知识；（6）绿色养殖技术；（7）其他（请注明）______

7. 在收购养殖户肉牛时是否分级收购：______（1）是；（0）否

8. 贵企业与养殖户签订订单的主要原因是：______（可多选）

（1）交货时间与交货量固定；（2）产品质量有保证；（3）其他（请注明）______

9. 在订单履行过程中，贵企业如何对订单参与养殖户的生产过程进行监督与控制，以确保牛肉的质量：______（可多选）

（1）通过对饲料、犊牛与种牛等投入品的控制，确保牛肉的质量；

（2）通过派人巡视对生产过程进行控制，确保牛肉的质量；

（3）通过参与养殖户之间互相监督，确保牛肉的质量；

（4）通过对生产过程随机抽查；（5）收购时检测；（6）其他（请注明）______

10. 贵企业在收购养殖户肉牛时的价格：______

（1）随行就市价格；（2）最低保护价格（市场价格高于保护价格时随行就市）；

（3）固定价格；（4）代购代销（市场价格扣除购销手续费）；

（5）市场价格加一定比例；（6）按商品质量不同支付不同价；

（7）其他（请注明）______

三、企业所在地社会发展情况

1. 当地养殖户对肉牛养殖或屠宰加工企业了解程度：______

（1）基本不了解；（2）比较不了解；（3）一般；（4）比较了解；（5）非常了解

2. 所在村共有______家肉牛合作社，提供销售服务的有______家；所在村共有______家肉牛养殖或屠宰加工企业